돈은 적게, 여행은 럭셔리하게
상상 그 이상의 크루즈 여행을 떠나자!

상상 그 이상의 크루즈 여행을 떠나자!

김태광(김도사), 권마담 기획

권마담, 주이슬, 양예원, 김결이, 금선미, 남수빈, 황지혜,

김지선, 황근화, 소보성, 최영연, 제나, 김수경 지음

두드림미디어

프롤로그

"가장 위대한 여행은 지구를 열 바퀴 도는 여행이 아니라,

단 한 차례라도 자기 자신을 돌아보는 여행이다."

— 마하트마 간디(Mahatma Gandhi) —

나는 카카오톡 프로필 사진란에 이 문구를 적어 두고 닳도록 보아 왔다. 그만큼 좋아하는 말이다. 워낙 자연과 사람을 좋아하는 내가 여행을 즐겨서 그렇기도 하고 심리 내면 여행을 오랫동안 해온 터여서 더 가슴에 와닿기도 했기 때문이다.

우리는 여행을 통해 새로운 세계와 그곳에 사는 사람들을 만나며 그들의 문화를 경험하고 체험한다. 그러면서 그것들에 반응하는 자신을 새롭게 돌아보거나 발견하곤 한다.

그래서 반복되는 일상에 지치거나 뭔가 새로운 시작을 앞두고 있을 때 우리는 훌쩍 여행을 떠나나 보다. 또한 새로운 친구를 사귀면 우리는 어김없이 함께 여행하자고 손을 내민다. 여행은 그렇게 언제나 우리에게 친밀감의 표상으로 또는 새로운 도전의 의미로, 때로는 힐링을 가져다주는 시간으로 받아들여진다.

나 또한 그렇지만 많은 이들이 이렇게 삶에 새로움을 불어넣기 위해서, 자신을 위로하기 위해서 여행을 떠나고 권유하는 게 아닐까 싶다. 나는 이런 여행을 '걸어 다니며 하는 독서 같다'라고 생각한다. 다양한 체험을 하면서 책처럼 그 속에서 배우고 느끼고 깨닫게 되기 때문이다. 뭔가 가슴으로 느낀 것들은 시간이 한참 지나고 나서도, 사진만 봐도 그때의 좋았던 감정이 떠오르기 때문이다.

　나에게 크루즈 여행은 삶을 어떻게 살고 싶은지 묻는 거울과 같았다. 왜냐하면 크루즈 여행은 지구를 한 바퀴 체험하는 것 같은 기분이 들도록 했기 때문이다. 지난번 미국 마이애미 크루즈 여행을 하며 처음 크루즈 터미널에 도착했을 때 나는 영화에서 봤듯 과연 배 밑으로 바닷물이 보일지, 과연 계단을 타고 선상에 오를 것인지 상상하며 승선 심사를 마쳤다.

　그렇게 비행기 타러 가듯 투명한 통로를 지나고 나니 럭셔리한 호텔 로비와 어드벤처 거리 같은 빌딩 속에 내가 서 있었다. 나는 '아, 배 타기 전까지 여기서 이렇게 놀다 가는가 보다. 멋진걸' 하며 사진을 찍고 있었다. 그때 옆의 여행 작가님이 여기가 크루즈 안이라고 말하는 것이었다. 이미 크루즈는 움직이고 있다며서

　나는 나도 모르게 "오, 마이 갓! 내가 벌써 크루즈를 탔다고요? 정말요?"라고 믿기지 않는다는 표정으로 소리쳤다. 나는 배가 움직이고 있다는 것조차도 느끼지 못했었는데…. 비행기는 이륙 시, 착륙 시 온몸으로 그 움직임을 알 수 있지 않던가. 그런데 크루즈는 태풍이나 파도가 심하게 몰아치지 않는 한 그런 움직임을 느낄 수 없단다.

순간 내가 크루즈 여행 작가님에게 "배 타는 것이 무섭지 않냐?"라고 떨 듯 물었을 때, "크루즈는 그냥 63빌딩이 누워서 가는 배라고 받아들이면 된다"라고 했던 그분의 대답이 떠올랐다. 그러니 당신은 그냥 즐기기만 하면 된다!

크루즈 여행을 하면서 나는 크루즈의 크기에도 놀랐지만, 그 안에서 펼쳐지는 다양한 놀거리, 볼거리 같은 이벤트 등에 더욱 놀랐다. 안락한 엄마 배 속에서처럼 편안하게 잠들었다 깨면 새로운 공연, 파티, 맛난 음식들, 다양한 스포츠와 액티비티들이 기다리고 있었다. 또한, 낮이고 밤이고 직접 참여할 수 있는 댄스파티나 거리 공연 등은 보고 있는 나마저 들썩들썩 춤추게 했다. 더 재미난 것은 그 와중에 처음 본 외국 꼬마 친구들과 내가 춤추고 대화했다는 사실이다. 70대의 퇴역군인에게 멋진 탱고도 배울 수 있었다.

그 밖에도 다양한 예술가들이 펼치는 뮤지컬 공연, 노래, 아이스링크의 아이스쇼, 야외 수영장 공연 등 나는 이루 다 글로 쓸 수 없을 만큼 많은 문화체험을 할 수 있었다.

여기 나를 비롯해 많은 작가들이 이런 크루즈 여행 경험을 각자의 시선으로, 자신들의 생각과 느낌대로 전하고 있다. 아마도 당신은 이 책을 덮을 즈음 미소 지으며 크루즈 여행을 하고 싶게 될 것이다. 그 여행 방법 정보가 덤으로 주어질 테고.

좋은 경험을 하고 그것을 널리 많은 이들에게 알리고, 누리게 하고 싶어 하는 작가들의 고운 마음을 이렇게 한 책에 담았다. 우리 작가들은 알고 있다. 널리 많은 사람에게 좋은 영향을 끼치면, 그것이 또 곧 자신에게 복이 되어 돌아온다는 것을 말이다. 자신에게 주고 싶은 것을 남에게도 주고 싶은 게 인지상정일 테니까.

이 책에는 작가들이 그렇게 남에게 주고 싶어 하는 경험과 생각이 그대로 담겨 있다. 저마다의 크루즈 여행 체험담을 각자의 느낌과 생각대로 글로 써서 엮었다. 이 크루즈 여행을 어떻게 접하게 되었는지, 어떻게 준비해서 갔는지, 가서 겪은 경험이나 에피소드 등은 많은 독자의 공감을 끌어내리라 본다. 아직 크루즈 여행이 생소한 분들에게는 좋은 문화정보로, 이미 비싸게 다녀 보신 분들에게는 오히려 돈을 벌며 갈 수 있는 유용한 여행 팁으로 이 책이 다가가길 바란다.

끝으로 나는 당신도 이 행운을 누리길 바란다.
지금 신나게 크루즈 여행을 하는 당신의 모습을 상상해보라.
그대로 된다.

대표 저자
금선미

CRUISE
HOLIDAY

권마담

여행은 다리 떨릴 때 가는 것이 아니라, 가슴 떨릴 때 가는 것이다

'와, 저 사람들은 어느 나라에서 왔을까?'

'얼마나 돈이 많으면 저런 크루즈를 탈까?'

'저 사람들은 얼마나 행복할까? 진짜 부럽다! 멋지다.'

'나도 나이 들면 꼭 타봐야지!'

부산에서 태어나고 자란 나는 종종 크루즈를 보고 했다. 호주에서 워킹홀리데이를 할 때도 크루즈를 봤다. 크루즈를 볼 때마다 여유 있어 보이는 크루즈 라이프가 부러웠다. 나도 나이 들면 저렇게 크루즈를 타고 세계 일주하는 삶을 살리라 다짐했다. 그 정도로 시간적인 여유와 경제적인 여유가 있는 사람들이 대단하게 느껴지기까지 했다.

무엇보다 크루즈 여행을 통해 드러나는 그들의 에너지 넘치고 편안해

보이는 삶의 모습이 인상 깊었다. '한국이든 외국이든 크루즈 여행이 누군가에게는 일상일 수 있구나…'라는 생각이 절로 들었다. 나도 크루즈 여행을 내 마음속 버킷리스트에 고이 넣어놓았다. 이상형의 배우자를 만나 성공적으로⑦ 결혼에 골인하고 경제적인 자유를 누릴 때쯤 우연히 크루즈 여행 기회를 잡게 됐다. 인생에 반전이 일어난 순간이었다.

나는 계획적인 성향의 사람이다. 여행도 계획적으로 하는 편이다. 문제는 그 과정에 엄청난 피로감을 느낀다는 것이다. 그래서 여행을 목표로 세울 때면 때로 여행이 무거운 짐처럼 느껴지기도 한다.

젊은 시절 여행을 제법 많이 다닌 내게 누군가가 "여행을 좋아하냐?"라고 물어오면, "아니요"라고 답할 정도였다. 특히 이번에는 연년생 아기들과 양가 어머님을 함께 모시고 가는 3대 가족 여행을 계획 중이어서 더욱더 부담감이 느껴졌다. 아기들과 함께하는 해외여행도 처음이고, 양가 부모님을 모시고 가는 여행도 처음이기 때문이었다.

남편이 막내아들인 만큼 시어머님이 연세가 있으신 편이라 더 늦기 전에 한 번은 함께 여행을 다녀와야지 했었다. 그래서 온 가족이 편안하게 여행할 수 있는 패키지 상품을 알아보던 중 우연히 크루즈 여행 직구 사이트에 들어가게 됐다. 그리고 그곳에서 보고도 믿기지 않는 크루즈 여행 상품을 찾아내게 됐다.

2018년 3월 출발 14박 15일 동남아 일주 크루즈 여행 상품이 1인 70만 원(당시의 환율)대에 나와 있었다. 비행기 삯을 따로 치러야 한다고 해도 당시 크루즈 터미널이 있는 홍콩까지 왕복 30만 원 정도였기 때문에 1인

총 100만 원에 예약 가능한 상품이었다. 초호화 여행이라고만 여겼던 크루즈 여행 비용이 1,000만 원도 아니고 100만 원이라니? 내 인생 역대급으로 충격적인 사건이었다.

처음에는 사기⑦인 줄 알았다. 하지만 직접 확인하고 또 확인해봐도 진실이었다. 그럼 그동안 내가 알고 있던 500만 원, 1,000만 원대 크루즈 여행은 뭐지? 다른 세상의 일 같은 느낌만 들었다. 하지만 크루즈 여행 원가는 거짓이 아닌 진짜였다. 알아보니 지극히 현실적으로 계산된 가격이었다.

나는 이 좋은 소식을 주변에 알리기 시작했다. 다소 긴 14박 일정임에도 17명이 동시에 예약을 마쳤다. 1년 후의 일정이었지만 우리 모두 설레는 마음으로 기뻐하고 환호했다. 기다리는 맛이 또 여행의 묘미라는 것 정도는 다 아는 사실이니까 말이다.

그 와중에 얻어들은, 알다가도 모를 이야기도 있다. 개인적으로 여행 정보를 많이 얻고 있는, 부산에서 크루즈 여행사를 운영하는 부부가 있다. 그런데 그분들이 크루즈 여행사를 하게 된 계기가 가난한 시절에 돈이 없어 저렴한 비용의 크루즈 여행을 하면서였다는 것이었다. 크루즈 여행은 저렴한 가격으로 가족의 숙식을 해결해주었고, 영어를 한마디도 못하는 자녀에게 영어를 접할 수 있는 최적의 환경을 제공해주었다고 한다. 기쁨에 가득 찬 사람들과 문화체험을 함께하며 삶의 질도 높아졌다. 가난이라는 위기가 기회로 바뀐 순간이었다.

그 결과 지금은 크루즈 여행을 알선해주는 여행사가 천직이 됐단다. 그들은 매년 6개월 이상 크루즈로 세계 일주를 한다고 했다. 또한, 귀한 경험을 살려 처음 크루즈 여행을 하려는 사람들의 길잡이 역할을 해주고 있었다.

우리나라 사람들은 잘 모르는 세계의 이야기다. 미국이나 유럽에서는 이동 수단으로 이용될 만큼 실생활 속에서 크루즈가 활발히 활용되고 있다. 수요가 충분한 만큼 공급자인 선사들끼리 가격 경쟁까지 벌인다고 한다. 소비자에게 큰 혜택이 돌아가는 프로모션도 다양하게 진행된다고 한다. 그래서 실제 크루즈 여행의 원가가 1박에 10만 원대로 저렴할 수 있는 것이다.

크루즈 선사도 항공사처럼 각각의 사업체를 갖고 있고, 그들 홈페이지에 들어가 원가를 직접 확인할 수도 있다. 단, 모항(출항지)이 외국에 있는 만큼, 홈페이지가 보통 영어로 되어 있어 우리가 그 세계를 잘 알 수 없었던 것 같다. 중개 역할을 해주는 여행사를 통해야만 크루즈 여행을 할 수 있었던 시대가 있었으니까.

하지만 지금은 정보가 넘쳐나는 시대다. 검색이나 번역을 통해 직접 정보에 접근할 수 있다. 이런 시대를 만난 것도 행운이라면 행운이리라. 모두가 꿈꾸는 지중해, 알래스카, 카리브 등의 여행 티켓을 선사 홈페이지에서 직접 구매 및 예약할 수 있다. 크루즈 여행은 일단 예약만 하면 호텔, 여행 코스, 이동비, 식사까지 한 방에 해결된다. 그러니 예약하고 비행기 표만 끊으면 일단 여행 준비는 80% 이상 끝났다고 보면 된다. 그동안의 내 생각과는 다르게 크루즈 여행을 시작하는 과정은 너무나 단순하고 간단했다. 무엇보다 가성비 끝판왕이었다.

1년을 기다린 끝에 2018년 3월, 총 17명이 14박 15일 동남아 일주 크루즈 여행을 다녀왔다. 첫 크루즈 여행을 초보인 나만 믿고 온 터라 우리 일행은 잘하고 있는지, 잘못하고 있는지조차 몰랐다. 그냥 예약 영수증 한 장 달랑 들고 크루즈에 체크인했다. 지금 생각해보면 그야말로 용감해 마지않는 행동이었다. 쓴웃음만 나올 뿐이다.

　그 당시에도 크루즈 여행객 대부분은 사전에 웹 체크인하고, 크루즈 여행을 시작했다. 그러고 나면 실 체크인이 홍콩 크루즈 터미널에서 빠르게 이루어졌다. 하지만 사전 체크인하지 않은 나는 17명의 여권 정보를 가지고, 크루즈 선사 직원의 도움을 받아가며 서류를 다 수기로 작성했다. 그러다 보니 대기시간이 길어졌다. 크루즈 여행이라는 게 원래 이런가 하며 기다려준 일행이 지금 생각해보면 너무나 고마울 뿐이다.

　체크인한 후 드디어 일행 모두 생애 처음 크루즈에 탑승했다. 그런 만큼 연신 탄성을 발하며 입을 다물지 못했다. 분명 배에 탑승했는데, 배가 아닌 백화점 같은 건물에 들어선 느낌이었다. 엘리베이터가 16층까지 설치되어 있었고, 배 안이 너무 넓어서 객실을 찾아가다 길을 잃기도 했다.

　뱃멀미를 걱정하던 사람들은 언제 배가 출발하냐고 물어보기도 했다. 이미 크루즈는 출항해 한케 줄이었는데도. 그런 깨알 같은 에피소드도 있었다. 크루즈는 안전을 가장 중요시한다. 그래서 탑승하자마자 일행은 안전교육장으로 안내됐다. 여기에서는 체크인 카운터에서 발급해준 서류나 탑승 카드를 보여주면 됐다. 여기저기에 배치된 직원들이 서류에 적혀 있는 개인 비상 탈출구장으로 우리 일행을 안내해주었다.

　안전교육이 끝나고 나서야 우리는 각자의 객실로 갈 수 있었다. 영어로 진행된 안전교육이었지만, 비행기 탑승 시의 안전교육처럼 탈출 시 지켜야 할 안전지침들을 직접 시연해주어서 이해하는 게 어렵지는 않았다. 각자의 객실로 들어온 우리는 안도의 한숨과 함께 바다를 마주하는 순간의 환희를 만끽했다.

객실의 종류는 크게 네 가지로 나뉜다. 인사이드(창문이 없는 방), 오션뷰(창문이 있는 방), 발코니룸(발코니가 있어 문을 열 수 있는 방), 스위트룸이 그것들이다. 우리가 크루즈의 객실을 신청할 때는 개런티룸이 조금 더 저렴했다. 나 또한 처음인 데다 크루즈 내부를 잘 모르는 만큼 조금 싼 개런티룸(랜덤 배정)을 객실로 신청했다.

그러다 보니 랜덤으로 배정된 가족과 지인들의 방이 여기저기 흩어져 있게 됐다. 서로의 방을 구경하러 왔다 갔다 하는 데만 30분 이상이 소요될 정도로. 심지어 남편과 내 방마저도 끝과 끝에 배정되어 남편을 찾아가려면 셋째를 임신한 몸으로 20분 이상 걸어야 하는 상황이었다. 그런 불편함에도 나는 '크루즈가 진짜 크구나…. 정말 멋지구나…' 하며 감탄을 금치 못했다.

지금은 두 팀 이상이 갈 경우, 절대 랜덤으로 방을 선택하지 않는다. 각자의 취향대로 객실을 선택하곤 한다. 오션뷰와 높은 층, 무엇보다 자유로운 분위기에서의 식사를 선호한다면, 뷔페 식당과 가까운 고층, 뒤쪽 위치를 선택하면 된다. 멀미가 걱정된다면, 코스요리의 만찬을 즐기고 싶다면 정찬 레스토랑이 있는 저층, 앞쪽을 선택하면 된다. 팀원들이 많다면 엘리베이터 근처 방을 각각 층수를 다르게 선택해 서로 오가는 동선을 짧게 하는 것도 좋다.

다양한 사람들과 열네 번의 크루즈 여행을 경험하다 보니, 나름 많은 노하우가 생겼다. 무식하면 용감하다고, 첫 크루즈 여행 때의 끔찍했던⑦ 경험도 재미있는 추억으로 남았다.

크루즈에서는 온종일 제공되는 뷔페와 스낵을 자유롭게 언제든지 어디서든 즐길 수 있다. 정찬 레스토랑에서 코스요리를 즐길 수도 있다. 소규모로 제공되는 유료 레스토랑에서 색다른 음식을 먹어보는 기회도 누릴 수 있다.

그 밖에도 매일 저녁이면 다양한 브로드웨이급 공연이 펼쳐진다. 보고 싶은 공연이 있다면 공연장에 가 세계 각국에서 온 사람들과 함께 즐기면 된다. 걸어 다니는 곳곳마다 음악과 웃음소리가 넘쳐흐른다. 세계 각국 사람들도 만나고 인사도 나누며 선상에 준비된 각종 이벤트를 즐기고 경험하는 것. 첫 크루즈 여행에 대한 내 느낌은 여행이라기보다 새로운 문화체험을 하는 것 같았다.

셋째를 임신한 상태로 탑승한 나에게 첫 크루즈 여행은 완벽하게 산모를 위한 태교 여행이 되어주었다. 낮이고 밤이고 선베드에서 비릿비릿을 맞으며 커피 한잔하던 그 순간을 떠올리면 저절로 마음이 녹아내린다.

야외수영장에 설치된 대형스크린에서는 밤마다 영화가 상영되기도 했다. 영어로 제공되지만, 야외수영장 선베드에서 다양한 나라의 사람들과 함께 영화를 보는 그 순간도 정말 낭만적이었다. 잘 먹고 잘 놀고 무엇보다 잘 쉬게 되니, 크루즈 여행은 힐링 여행의 끝판왕이 틀림없었다. 3대는 물론 지인들과 함께 여행하는데도 전혀 불편함 없이 각자의 취향에 맞게 즐길 수 있었다.

이제 막 열다섯 번째 크루즈 여행 예약을 전 세계 크루즈 여행 직구 사이트를 통해 마쳤다. 2023년 9월에는 명절 여행차 연년생 세 아이랑 엄마와 함께 3대가 크루즈 여행을 다녀왔다. 가장 편한 역대급의 가족 크루즈 여행이었다.

또한, 2023년 11월에는 첫 미국-바하마 크루즈 여행을 작가들과 함께 다녀왔다. 나는 〈100만 원으로 크루즈 여행 갈래?〉, 〈크루마블-크루즈 여행의 모든 것〉 같은 유튜브 채널을 통해 지금까지의 경험과 노하우를 아낌없이 나눠주고 있다. 정보가 필요하다면 언제든지 유튜브 영상을 통해 도움받을 수 있다. 궁금하거나 직접 도움받고 싶은 점이 있다면 010-9842-0963으로 문의해도 좋다.

이미 이 글을 읽으며 가슴이 설레고 떨린다면 반은 준비가 끝난 것이다. 여행의 꽃으로, 버킷리스트로만 남겨두기에는 크루즈 여행에 대한 정보가 흘러넘치는 시대다. 세상이 선물한 아름다움의 끝판왕인 이 여행을 가능한 한 빠르게 경험해보길 바란다. 세상에는 생각보다 아름다운 게 많다는 것을 알게 될 것이다. 세계는 넓고 볼 것도 많다. 나는 1년에 네 번 이상 크루즈 여행을 다니지만, 지금도 늦었다고 말한다.

여행은 하면 할수록 생각보다 아름다운 곳들이 세계에 널려 있다는 것을 알게 해준다. 마치 내가 봐주길 기다리는 것처럼 말이다. 아는 만큼 보이는 세상이다. 지구 별 여행자답게 다 누리면서 즐겁게 살길 바란다. 그렇게 하는 데 크루즈 여행 체험이 큰 역할을 해주리라 믿는다. 내가 원하는 세상의 주인공으로 살아가는 시간을 사랑하는 사람들과 마음껏 즐기길.

여행은 용기의 문제지만,
크루즈 여행은 돈의 문제다

'돈은 적게! 여행은 럭셔리하게!'

세상에서 가장 가성비 좋은 여행이 크루즈 여행이다. 크루즈 여행은 안 가본 사람은 있어도 한 번만 가본 사람은 없다. 비싸더라도 일생에 꼭 한 번 가보고 싶어 하는 초호화 럭셔리 여행이다. 게다가 크루즈 여행의 원가를 따져 보고 직접 구매 예약을 하는 시대가 왔다. 딱 한 번으로 끝내지 않는다면 크루즈 여행은 앞으로 남은 인생의 라이프 스타일을 바꿔 줄 것이다. 여기에 다양한 혜택과 정보를 제공해주는 여행 관련 앱들이 쏟아지고 있다. 그러니 제대로만 활용한다면 그만큼 가성비를 높일 수 있다. 정보를 돈으로 바꾸는 작은 기술 중 하나다.

코로나가 끝나면서 여행에 목말라하던 많은 사람이 더 좋은 숙소, 더 좋은 맛집을 찾고 있다. 여기에 조금만 노력을 가하면 가성비는 물론, 만족스럽기까지 한 여행을 할 수 있다. 요즘 국내는 물론 해외까지 여행 업계가 성수기를 맞고 있다. 각종 SNS를 통해 나에게 들어오는 직접 문의도 많아졌다. 실제로 내 답장을 받고 크루즈 여행을 경험한 사람들은 감사 댓글이나 이메일을 보내오곤 한다.

첫 크루즈 여행 경험을 살려 나는 《나는 100만 원으로 크루즈 여행 간다》라는 책도 출간하고, 전국으로 강연을 다니는 등 바쁘게 활동했다. 〈부산국제여행영화제〉 크루즈 여행 토크 연사로 출연하면서 더 많은 분에게 알려지기도 했다.

첫 가족 크루즈 여행이 크루즈 여행의 처음이자 마지막이리라 생각했었다. 하지만 현재까지 열다섯 번째 크루즈 여행 예약을 마친 상태다. 별도로 크루즈 전문 유튜브 〈100만 원으로 크루즈 여행 갈래?〉, 〈크루마블-크루즈 여행의 모든 것〉을 운영하며 바쁘게 지내고 있기도 하다.

"부모님을 효도 여행 보내드리고 싶은데요!"
"총 4인 가족들과 떠나려면 얼마나 필요한가요?"
"진짜 100만 원이면 갈 수 있나요?"
"저는 휴가를 장기간 갈 수 없는데 짧은 기간의 상품도 있을까요?"
"신혼여행으로 떠나보려는데 어디가 좋을까요?"

대부분 처음 크루즈 여행을 계획하는 분들이라 질문이 비슷한 편이다.

그중에서 가장 중요하게 물어보는 것은 단연코 금액이다. 크루즈 여행 티켓 직접 구매가 가능한 것을 알고 난 지금, 비싼 비용 들여 여행할 이유가 없다.

세상이 변하고 시대가 변했다. 아직도 크루즈 여행이 나이 드신 분들의 전유물이라 여기는 사람이 있다면 관점부터 바꿔야 한다. 특히, 연세 있으신 분들은 검색이나 직접 구매하는 행위를 어려워하므로 더욱더 그렇다. 부모님을 효도 여행 보내 드리려 한다면, 젊은 사람들이 반드시 알아야 할 정보가 크루즈 여행 정보라고 믿는다. 효도가 별건가! 부모님이 원하는 꿈의 여행을 보내드리거나 관련 정보를 제공해주는 것도 효도 아니겠는가.

최근 부모님을 여행 보내드리려 하는데 어찌하면 좋을지 직접 문의해온 한 대학생이 있다. 기특하기도 하고, 마음이 참 예뻐서 정말 진심으로 조언해주었다. 20대 친구들은 앱이나 구독경제에 익숙해서인지 직접 구매를 단번에 이해했다. 처음에는 비싼 여행이라는 생각에 부모님만 보내드리고 자신은 5년 후를 기약하려 했단다. 그런데 크루즈 선사 홈페이지에서 직접 예약하면 2명 비용으로 5명의 가족이 1년 안에 떠날 수 있다는 계산이 나온 것이다. 그 친구는 연신 감탄하며 카톡으로, 전화로 감사 인사를 수시로 전해왔다.

크루즈 준비과정과 선내생활 등을 책과 유튜브를 통해 꼼꼼히 공부한 덕에 그 친구의 5인 가족은 가벼운 마음으로 크루즈 여행을 떠났다. 아는 만큼 모르는 것에 대한 두려움은 줄어든다. 모르니까 두렵고 행동으로 옮기기 어려운 것이다. 우연히 내가 집필한 책 《나는 100만 원으로 크루즈 여행 간다》를 읽고 알게 된 정보로 부모님이 더 나이 드시기 전에 효도할 수 있었다며 그 친구는 너무나 기뻐했다. 크루즈 여행을 다니온 후 가족 사이가 더 좋아졌다고 하면서. 부모님에게 항상 취업 걱정만 시켜 드리던 아들이었는데, 이제는 자랑스러운 아들이 됐다고 고마워했다.

크루즈 여행을 저렴하게 가는 방법으로는 크게 세 가지가 있다.

1. 일찍 예약한다.
2. 선사 홈페이지에서 직접 예약한다.
3. 크루즈 멤버십을 통해 예약한다.

모든 여행의 준비조건이 그렇듯 저렴한 가격이 우선적인 고려 대상이 된다. 시간이 지날수록 비싸지는 게 가격의 원리이기 때문이다. 객실별 가격이 조금씩 다르면서도 비슷해 보이는 조건이라면 일찍 예약하는 게 유리하다. 홈페이지나 한국총판을 두고 있는 일부 선사에는 전화 문의도 가능하다. 얼마든지 직접 예약이 가능하므로 적극적으로 추천하는 바다. 하지만 크루즈 여행 경험이 없거나 선사들에 대한 정보를 모른다면, 방대한 정보 중 자신이 원하는 정보를 선별해내는 것은 쉬운 일이 아니다. 이런 어려움을 한 방에 해결해주려고 크루즈 전용 멤버십 플랫폼이 등장했다.

처음 크루즈 전용 멤버십 플랫폼이 있다는 것을 알고는 정말 대단하다는 생각이 들었다. 사랑하는 사람들과 함께 더 쉽고, 편하게, 부담 없이 누릴 수 있다는 아이디어가 획기적이었다. 전 세계인이 하나의 플랫폼을 통해 19만 2,000개의 호텔과 크루즈 상품을 예약할 수 있다. 2023년 10월 기준 크루즈 전용 멤버십 가입자는 204개국, 141만 5,000명 이상이다. 그중 33만 8,000명 이상이 크루즈와 호텔을 예약한 고객들이다. 2015년 미국에서 개발된 크루즈 멤버십 플랫폼은 2018년 초반에야 한국에서 입소문이 나기 시작했다.

2018년 10월에 이 사실을 알게 된 나와 가족들은 서둘러 크루즈 멤버십에 가입하고 현재까지 다양한 혜택을 누리고 있다. 한국에서는 크루즈 선사가 제공하는 여행 원가가 공개적으로 알려지면서 크루즈 여행 업계가 타격을 많이 받았다. 어쩔 수 없이 사업 자체를 위협받게 된 경쟁 업체들에는 안 좋은 소문도, 탈도 많았다. 우리에게 익숙한 유튜브, 넷플릭스도 주목받기까지 상당한 시간이 걸렸다. 이용자와 경험자들이 많아지고 소비자들에게 편리하다고 소문나면 결국은 살아남게 된다. 그러다 사람들 삶의 일부분이 되면 모두에게 이로운 플랫폼이 탄생하는 것이다. 지금은 당연하게 플랫폼의 구독서비스를 이용하고, 멤버들에게만 주는 혜택을 제대로 누리고 있다.

이런 서비스 방식은 소비자에게는 더 부담 없고, 사업자에게는 더 경쟁력 있는 시스템이다. 한번 서비스를 받아보고 꼭 필요하다고 판단되거나 만족한다면, 결국은 이용할 수밖에 없는 시스템이기 때문이다.

마니아를 만드는 이런 서비스 방식이 크루즈 여행 업계에도 적용된 것이다. 나와 가족들은 한국에서 조금 이르게 크루즈 전용 플랫폼을 경험한 셈이다. 게다가 그 사실이 공개까지 됐으니, 비용을 궁금해하는 사람들의 선택 권리를 충족해줄 필요가 있지 않겠는가.

미국과 유럽 사람들에게는 크루즈가 단순한 이동수단이기도 하다. 워낙 넓고 큰 나라들이어서 다양한 이동수단이 필요한 데다 크루즈가 비행기보다 더 편리하기 때문이다. 이동하는 동안에도 럭셔리한 식사, 호텔급 숙박, 세계 문화를 체험할 수 있으므로 만족도가 높다. 이동 과정이 설레는 여행 과정이 되기 때문이다. 비행기보다 더 저렴하게 누릴 수 있는 이 크루즈가 편리한 이동수단으로 자리매김한 이유일 것이다.

크루즈 여행 업계의 선사들은 서로 간의 치열한 경쟁을 통해 살아남는다. 크루즈 선사들이 고객 유치를 위해 각종 프로모션과 이벤트를 제공하는 배경이다.

소비자에게는 선택의 폭이 너무 넓다 싶을 정도로 크루즈 선사, 크루즈의 종류, 여행 경로가 다양하다. 이런 문화에 익숙한 외국인들은 우리가 최저가의 비행기 좌석을 찾듯이 최저가의 크루즈 상품을 찾는다. 이런 점을 일부 공략해 만든 크루즈 멤버십 플랫폼은 그들의 바람을 단번에 해결해준다. 가격뿐만 아니라 나라별 검색, 날짜별 검색, 최저가 금액별 검색 등의 필터링으로 내가 원하는 검색 기반이 조회가 가능하게 된다.

외국에서 사는 한국 사람들은 크루즈 멤버십 플랫폼에 대한 이해도가 높다. 하지만 한국 토박이들에게는 크루즈 여행이 왜 좋은지, 어떤 것인지, 가격이 왜 안 비싼지 등부터 설명해주어야 한다.

이 부분이 처음에는 상당히 힘들었다. 하지만 코로나 이후 무르익은 여행 분위기에 편승해 크루즈 여행도 성수기를 맞고 있다. 크루즈 여행에 관심 있는 사람들도 그동안 접했던 글과 영상들을 통해 많이 공부하고 문의 해와 설명이 수월해지고 있다.

요즘은 연예인이 팬클럽을 데리고 크루즈 여행을 떠나는 시대다. 세계적인 EDM 축제가 크루즈 선상에서 펼쳐지기도 한다. 사람들의 로망이 가까이에서 간접적으로 실현되고 있는 셈이다. 호캉스가 유행됐던 것처럼 크루즈 여행 문화인 크캉스 시대가 도래했음을 알리는 신호탄이라고 하겠다.

음식점과 소비자를 연결해주고 음식 주문만을 받는 '배달의 민족'은 우리에게 너무나 익숙한 음식 배달 플랫폼이다. 이처럼 크루즈 선사와 여행자를 연결해주는 크루즈 여행 예약 플랫폼을 적극적으로 이용해보라. 정보화 시대인 만큼 유튜브나 네이버 검색을 통해서도 크루즈 멤버십 정보를 얻을 수 있다.

하지만 경험하지 않고 정확하지 않은 정보가 너무 많이 제공되는 관계로 안타까움을 느끼기도 한다. 정확한 정보나 자세한 정보 등 경험자들의 조언이 필요하다면 010-9842-0963으로 문의 및 연락을 주어도 좋다. 개인 크루즈 멤버십 플랫폼이므로 제공해주는 정보를 통해 직접 이메일 주소나 연락처를 남기면 간단하게 가입할 수 있다. 크루즈 여행 상품과 호텔 가격 등을 비교해보고 두 가지의 크루즈 멤버십 플랜 중 한 가지를 선택하면 된다. 멤버들에게 더 많은 혜택을 주기 위해 플랫폼은 매년 그 폭을 넓히고 있다.

최근 내가 발급받은 대한항공 마일리지 카드가 있다. 마일리지 사용으로 업그레이드되는 비즈니스 좌석이 제공되는 점, 항공 라운지를 이용할 수 있는 점 등이 매력적이었다. 이런 다양한 혜택을 받으려면 스스로 공부해 정확한 정보를 얻어야 했다. 알면 알수록 마음에 드는 서비스라 다소 비싼 감이 있음에도 50만 원의 연회비를 냈다. 혜택 대비 만족이 컸다. 다양한 방면으로 혜택을 주고 편리함이 제공되는 서비스라면 스스로 시간을 투자해서라도 알 권리를 행사해야 한다. 요즘 같은 정보화 시대에 누릴 수 있는 가장 큰 이점이라고 할 것이다.

내가 1인 100만 원에 크루즈 여행을 갈 수 있었던 것, 지금처럼 열다섯 번째 크루즈 여행 예약을 마칠 수 있었던 것은 내 공부와 노력이 더해진 결과다. 제대로 알고 제대로 이점을 누릴 수 있었던 만큼 나는 단연코 크루즈 멤버십 플랫폼을 추천한다.

아는 만큼 누리는 시대다. 일생에 한 번 떠나는 여행이 아닌, 아름다운 세계 곳곳을 누비고 다닐 수 있는 여행이다. 미리 준비하는 사람들에게는 세계 일주도 가능하다. 가장 젊은 나이인 이때 한번 누려 보자. 그리고 사랑하는 사람들이 떠오른다면 그들과 다음 여행을 크루즈 선상에서 함께 하면 된다. 돈은 적게! 여행은 럭셔리하게! 지금 바로 떠나자.

주이슬

여유롭게 즐기는
우아한 여행을 체험하다

내가 어렸을 때 우리 가족은 매년 여름 휴가차 동해와 서해로 캠핑을 갔다. 아버지가 다니시는 회사 직원들과 함께 가는 캠핑이었다. 갈 때마다 해수욕은 물론, 처음 보는 친구들과 즐겁게 놀았던 기억이 난다. 하지만 장마철의 텐트 속은 습하고, 잠자리도 불편했다. '집에 있으면 편하게 잘 수 있는데 이렇게 불편한 여름 휴가를 꼭 가야 하나?'라고 생각하기도 했다.

성인이 되어서도 여행을 가는 것보다는 친한 친구들과 동네에서 놀거나, 혼자서 영화나 책을 보는 것을 좋아했다. 신기하게도 나와 가장 친한 내 친구들은 항상 여행을 좋아했다. 더 넓은 세상을 보고 싶어 했다. 그래서 대학교 1학년 때 함께 기숙사 생활을 하던 친구 2명과 국내 기차 여행을 떠났다. 친구들은 각 지역에서 꼭 봐야 하는 것들을 계획하는 내내 설레는 모습이었다.

그때도 나는 내가 맡은 지역의 볼 것들을 알아보고 계획을 세우는 게 힘들어 굳이 가야 하나 했다. 하지만 막상 가보니 새로운 경험이 기다리고 있었다. 순천만의 노을을 보며 '우리나라에도 이렇게 아름다운 곳들이 많구나', 감동하기도 했다. 그때의 감동이 아직도 생생하게 느껴진다. 짱뚱어들이 갈대밭을 뛰놀고 있었고, 기분 좋게 부는 바람을 따라 하늘에는 붉고 아름다운 노을이 지고 있었다. 친구들이 내 이름을 부르며 어서 가자고 팔을 잡아끌 때도 그 아름다움에 취해 나는 시간이 멈췄으면 좋겠다고 생각했다.

빨리 돈을 벌고 싶어서 대학을 졸업하고 바로 취업하려 했다. 그런데 4학년이 되기 직전, 친구가 미국엘 가겠다고 했다. 당시 나는 심한 취업 스트레스로 인해 몸의 이상을 느끼며 힘들어하던 시기였다. 그때 친구가 눈을 반짝이며 미국에 가겠다고 이야기한 것이다.

그런 친구를 보며 나도 새로운 세상을 보고 와서 취업할까 고민했다. 결국, 미국행을 결심하고 바로 비행기 표를 끊었다. 부모님은 갑자기 미국에 가겠다는 내 말에 황당해하셨다. 반대하시는 아버지 대신 어머니가 적극적으로 밀어주셔서 갈 수 있었다.

나 스스로 가겠다고 했으니 미국살이에 드는 생활비는 내가 해결하리라 마음먹었다. 비행기를 타고 도착하자마자 나는 아르바이트 자리를 찾아 나섰다. 3일 만에 일자리를 구할 수 있었다. 아침에는 빵집 아르바이트를 하고, 오후에는 뉴욕 퀸즈대학 어학원 수업을 들었다.

그때도 함께 지냈던 룸메이트 덕분에 쉬는 날이면 미국 곳곳을 여행할 수 있었다. 그중 캐나다의 나이아가라 폭포에 갔던 날을 잊을 수 없다. 경비가 빠듯해 우리는 가장 저렴한 2층 버스를 타고 밤새도록 달렸다. 중간에 버스가 쉴 때 내려서 바라본 하늘은 별이 쏟아질 듯 총총했다.

나이아가라 폭포는 내가 본 풍광 중 가장 장관이었다. 세상에 이렇게 장엄한 자연이 있을 거라고는 생각도 못 했다. 여행 프로그램을 많이 본 것도 아니고, 외국 영화를 많이 보지도 않아서인지 나는 정말 내 눈앞에 보이는 모든 게 너무나 생소하고 경이로웠다. 그렇게 새로운 세계를 접하면서 나의 시야는 완전히 달라졌다.

20대 시절에 다녔던 모든 여행은 경비 위주로 계획했기 때문에 불편함을 감수해야만 했다. 다시 한국으로 오기 전 나는 인턴을 하면서 모아둔 돈으로 한 달 동안 미국의 서부와 남부를 여행했다. 그때 플로리다의 한 섬에서 묵었던 숙소는 도저히 잠을 자기 어려운 상태였다. 선잠을 자며 잤다 깼다 한 기억이 있다. 그렇게 몸은 좀 고됐지만, 여행을 통해 나를 좀 더 알아가는 소중한 경험을 했다.

한국에 돌아와 나는 비로 세미을 금고에 취입했다. 금융권에서 일하는 게 꿈이었기 때문에 처음에는 직장에 다니는 게 즐겁기만 했다. 고객들을 만나고 매일 그들과 정을 나누며 도움을 줄 수도 있었으니까. 나는 내 직업이 만족스러웠다. 그렇지만 매년 연차도 마음대로 쓸 수 없는 상황에, 잠시라도 생각이라는 것을 할 수 없을 만큼 빡빡하게 진행되는 업무에 점차 지쳐갔다. 성장하고 발전하기보다는 제자리에 머무는 기분이었다. 여행이 사치처럼 느껴지는 생활이었다.

그나마 보험 계약을 많이 따내면 제주도나 사이판 여행 기회가 포상으로 주어졌다. 내가 직장생활을 하면서 갈 수 있었던, 얼마 안 되는 여행이었다. 하지만 직장 관련해서 가는 여행은 항상 정신이 없었다. 처음 보는 사람들과 다 같이 일정에 맞춰 움직여야 했고, 내가 원하는 대로 할 수 있는 시간은 적었기 때문이다. 그래서 점점 더 '굳이 힘들게 여행을 가야 하나?' 회의하게 됐다. 특히, 여행을 다녀오면 항상 몸이 아팠다. 몸살이 나고 감기에 걸려 호되게 고생했다. 그 때문에 집에 돌아오면 나도 모르게 "역시 집이 최고야!"라고 외치곤 했다.

2019년 〈한국책쓰기강사양성협회(한책협)〉에서 만난 김태광 대표님과 권동희 대표님은 나의 인생 멘토시다. 두 분은 가족 여행을 크루즈로 다니셨다. 나에게도 여행은 크루즈 여행이 최고라며 무조건 가보라고 추천해주셨다.

당시 나는 여행을 다닐 여유가 없다고 생각했다. 일단 여행은 힘들다는 생각이 무의식에 박혀 있었다. 그래도 나의 멘토이신 두 분이 추천해주시니 '언젠가는 가겠지' 생각하며 크루즈 멤버십 클럽에 가입했다. 그러고 나서 3년이 지나 코로나가 끝난 2022년에 드디어 첫 크루즈 여행을 가게 됐다.

2022년 11월에 권 대표님, 작가님들과 함께 로얄캐리비언 선사의 배를 타고 싱가포르 크루즈 여행을 간 것이다. 첫 크루즈 여행을 하는 내내 정말 즐거웠다. 내가 상상했던 것보다 훨씬 더 멋진 여행이었다. 배를 타는 순간 럭셔리한 실내의 모든 것들이 기분을 좋게 해주었다. 사려 깊게 맞이해주는 크루즈 선사의 직원들과 여행 온 사람들의 신나는 표정까지, 완벽했다.

크루즈를 열 번 이상 타본 권 대표님 덕분에 빠르게 크루즈에 탑승하고 뷔페 음식을 먹었다. 먹고 싶은 것은 언제든 마음껏 먹을 수 있는 데다 모든 음식이 신선하고 고급스러웠다. 그렇게 배를 채우고 객실에 들어가니 발코니 바깥으로 바다가 보였다.

선상의 꼭대기 층으로 나가자 싱가포르의 상징인 마리나베이가 보였다. 멀리서 보이는 호텔과 바닷가와 맞닿아 있는 육지는 이곳이 바로 별천지 아닌가 하는 생각이 들게 했다. 어디서 사진을 찍어도 멋지게 나왔다. 너무 멋있게 찍힌 그 장면들을 보고 또 봤다. 객실 안으로 들어와 발코니에서 바라다보는 바깥 풍경들 모두가 영화 같았다. 이런 경험을 할 수 있다는 게 정말 감사했다. 천국 같은 경험을 함께 나누도록 계속 여행 이야기를 해주시고, 함께 가자고 권유해주셨던 나의 인생 멘토 두 분에게 또다시 감사한 마음이 들었다.

크루즈 여행은 크루즈 안에서 즐길 수 있는 액티비티가 정말 다양했다. 실내 수영장과 실외 수영장 모두 내가 본 풀 중 가장 럭셔리하고 멋졌다. 선상에서 점핑하거나 보드를 탈 수 있었고, 암벽등반을 할 수도 있었다. 첫 크루즈 여행이라 정말 모든 것을 해보고 싶었지만, 사실 크루즈 안에 있다는 것만으로도 너무나 행복했다.

밤이 되면 크루즈에서는 브로드웨이급 공연들이 매일 열렸다. 뉴욕에서 뮤지컬을 보려고 학생 할인을 받아도 비쌌던 공연 표를 생각하면 정말 엄청난 혜택이었다. 매일 밤 멋진 공연들을 보며 이렇게 행복할 수도 있나 싶었다. 객실에서 쉴 때면, 바다가 보이는 푹신한 침대에 누워 있다는 게 믿기지 않았다. 그렇게 좋아하는 사람들과 즐기다 보면, 배는 스스로 이동해 멋진 관광을 할 수 있는 기항지에 도착해 있었다.

말레이시아에 도착한 우리는 느릿하게 배에서 내려 사원을 구경하고 코코넛 밀크도 마셨다. 천천히 사진도 찍고 도시를 구경하고 다시 크루즈를 타면 시원한 실내에서 쉴 수 있었다. 태국의 푸껫에 내려서는 맛있는 태국 음식도 먹고 마사지도 받고 즐겁게 쇼핑도 했다. 그리고 다시 크루즈를 타고 쉴 수 있으니 체력적으로 힘들지도 않고 즐거움만 가득했다.

그동안 내가 했던 여행들도 새로운 경험을 할 수 있어 좋았다. 하지만 체력적으로는 힘들었다. 하나라도 더 봐야 손해 보지 않을 것 같은 기분에 걷고 또 걸었었다. 눈이 감기고 다리가 아파도 쉴 수 없었다. 그러다 크루즈 여행을 접하고선 '이게 진짜 여행이구나' 싶었다.

크루즈에서 나는 좋아하는 사람들과 맛있는 음식도 먹고, 멋진 공연도 보며 행복한 순간들을 공유했다. 여행의 즐거움이 가득하니 행복한 이야기들만 오갔다. 이렇게 여유로운 여행은 생전 처음 경험해봤다. 그동안 입어보고 싶었던 드레스를 멋지게 차려입고 만찬을 즐기며 인생 사진도 남겼다.

가족들과 함께 온 싱가포르 사람들을 보면서 '우리나라에서도 여름 휴가철에 크루즈 여행이 일반화될 수 있겠구나' 싶었다. 예전에 나는 크루즈 여행 하면 무조건 비싸고 가기 힘들다는 고정관념을 갖고 있었다. 그런데 알고 보니 크루즈 여행은 우리가 아는 것보다 쉽게 언제나 합리적으로 갈 수 있는 여행이었다. 먼저 경험한 사람들이 이 사실을 알리려 노력하고 있기도 하다. 누구나 꿈으로만 간직해오던 크루즈 여행이 지금, 이 순간 바로 누릴 수 있는 여행이 되고 있다.

크루즈 여행을 다녀오고 나서 나의 멘토 두 분이 나에게 해준 것처럼, 나도 다른 사람들이 크루즈 여행을 경험할 수 있도록 돕고 있다. 하루는 재테크 수업을 들은 수강생분과 크루즈 여행 이야기를 나누었다. 지중해 크루즈 여행을 계획하고 있던 그분의 크루즈 선택을 도와주며, 우리는 이미 지중해에 가 있는 것처럼 행복하게 웃었다. 사랑하는 사람들과 충만한 경험을 누릴 수 있는 최고의 여행은 바로 크루즈 여행이다.

부모님에게 최고의 환갑 선물,
중동 크루즈 여행

　내 생애 두 번째 크루즈 여행은 부모님과 함께했다. 지난해 환갑을 맞이하신 아빠의 환갑 선물로 크루즈 여행을 간 것이었다. 처음에 아빠는 너무 무리하는 것 아니냐며 손사래를 치셨다. 하지만 내가 합리적인 가격으로 크루즈 여행을 가는 방법이 있다고 하니, 아빠는 첫 크루즈 여행을 예약하는 순간부터 들떠 있었다.

　처음으로 간 7박 8일 중동 크루즈 여행을 하며 두 분은 아이처럼 좋아하셨다. 처음 크루즈를 보자마자 세상에 저렇게 큰 배도 있냐며 놀라셨다. 우리가 탄 배는 이탈리아 선사인 코스타 크루즈의 토스카노라는 배였다. 5,000명의 인원을 수용할 수 있는 이 배는 한국의 63빌딩보다 컸다. 선내에 배당된 객실에 들어가자마자 우리는 발코니로 향했다. 배 안에서 바라다보이는 모든 광경에 두 분은 놀라움을 감추지 못하셨다.

크루즈 여행 내내 춤추고 노래하시는 두 분의 모습을 보며 정말 행복했다. 어려서부터 삶의 목표를 적을 때면 항상 부모님에게 효도하기가 빠지지 않았지만, 아무리 노력해도 뭔가 모자란 기분이었다. 시험을 잘 쳐 1등을 하거나 안정적인 직장을 구했을 때도 두 분은 기뻐해 마지않으셨다. 하지만 두 분에게 자랑스러운 딸이 되고자 하는 내 노력은 항상 2%가 모자라는 느낌이었다. 그런 내게 크루즈 여행은 정말 커다란 행복감을 안겨 주었다. 밤에 잠자리에 들 때면 행복해서 눈물이 나올 정도였다. 나는 사랑하는 부모님에게 이런 멋진 여행을 시켜 드릴 수 있어 다행이라며 안도했다.

중동 크루즈 여행은 아부다비에서 출발해 두바이, 카타르, 오만을 경유하고, 다시 아부다비로 오는 일정이었다. 나는 20대 중반 두바이에서 사는 친구 덕분에 두바이와 아부다비를 여행한 적이 있었다. 그때는 비행기에서 내려 바로 친구와 함께 자유 여행을 했었다. 그런데 이번에는 부모님과 함께 온 여행이어서인지 그때와는 다르게 새로운 느낌이었다.

게다가 크루즈 여행이라 그런지 이동하는 내내 피곤함이 없었다. 가족들 모두 커디션이 좋아 기항하는 나라들의 특색은 모두 그대로 느낄 수 있었다. 그 나라들의 문화를 더 많이 음미하고 추억을 쌓을 수 있었다.

두바이 모래사막에서는 서로 뛰어다니며 영상을 찍고 모래 썰매를 탔다. 두바이 전통 공연도 보고, 사막 투어 차를 타고 롤러코스터 같은 드라이빙을 즐기기도 했다. 오만의 시장에서 전통 의상도 사고, 카타르의 미래를 보여주는 건물들도 구경하며 신혼여행 사진과 같은 두 분의 화보 사진도 남겼다. 아부다비의 황금 궁전을 보고 황금 아이스크림을 사 먹으며 중동의 아름다움을 만끽하기도 했다. 정말 내 생애 최고의 여행이었다.

크루즈 여행의 좋은 점은 먹고 자고 노는 게 배 위에서 모두 가능하다는 것이다. 처음 뷔페에서 음식을 먹을 때나 정찬 레스토랑에서 식사할 때 두 분 다 새로운 외국 음식에 빠르게 적응하셨다. 외국인들과의 소통도 정말 즐거워하셨다. 눈이 마주칠 때마다 부모님은 먼저 "하이", "본 조르노" 하고 인사를 건네셨다. 두 분의 그런 모습을 뵈니 해외여행을 안 해보셔서 당황하거나 잘 못 즐기시면 어떡하지 했던 내 걱정은 기우였음이 드러났다. 두 분은 나보다도 더 크루즈 여행 문화를 제대로 즐길 줄 아셨다.

어려서부터 부모님 두 분이 다 노래 듣는 것을 좋아하셨다. 흥이 많으시다는 것은 진즉 알아챘었다. 하지만 함께 여행하는 동안 나를 깜짝깜짝 놀라게 하는 일들이 많았다. 엄마는 선상에서 신나는 노래에 맞춰 에어로빅할 때 누구보다 열정적으로 리듬을 타셨다. 아빠는 밤이면 선상 파티에 참석해 열심히 춤을 추시곤 했다. 나는 제대로 여행을 즐기시는 부모님의 모습에 기쁨을 감출 수 없었다.

우리는 여행 내내 끊임없이 대화를 나눴다. 결혼하고 나서 언제 엄마, 아빠와 이렇게 대화를 나눈 적이 있었는지 모르겠다는 생각이 들었다. 그것도 잠드는 순간까지 말이다. 정말 천국이 이런 거구나 싶었다.

나는 크루즈에서 펼쳐지는 공연들이 정말 좋았다. 멋지게 춤추고 노래하는 사람들을 보면 그 장엄한 광경에 넋을 놓을 지경이었다. 우리 엄마도 공연을 보는 내내 박수를 멈추지 않으셨다. "정말 멋지다. 정말 예쁘다" 하시면서 너무 좋아하는 모습에 '내가 엄마를 닮았구나' 싶었다.

평생 단 하루도 빼먹지 않고 직장생활을 하신 아빠와 남편과 아들딸을 우선순위에 두고 생활하신 엄마는 사치 한번 부리지 않으셨다. 단칸방에서 시작한 두 분은 IMF 당시 아빠 회사가 힘들어졌을 때도 힘든 내색 한번 하지 않으셨다. 나는 좀 큰 후에야 그 당시 우리 집이 힘들었다는 사실을 알았다. 하지만 내가 원하는 것은 무엇이든 들어주시고, 그 어떤 것도 강요하지 않으신 두 분 덕분에 나는 자유롭게 살 수 있었다.

내가 하고 싶어 하는 것은 무엇이든 응원해주셨던 두 분 덕분에 나는 용기 있게 도전하는 사람으로 살 수 있었다. 그렇게 두 분에게서 받은 게 많아 항상 어떤 것을 해드려도 모자란다는 생각뿐이었다.

그러던 참에 하게 된 이번 크루즈 여행은 정말 우리에게 보석 같은 선물이 됐다. 여행 중 두 분이 함께 있는 사진을 특히 많이 찍어드렸는데, 웃음을 감추시지 못하는 부모님의 모습이 너무 좋아서였다. 이런 특별한 순간들을 경험하고 체험할 수 있음에, 내 마음은 매 순간 감사함으로 가득했다.

나는 이런 내 경험을 다른 사람들도 누렸으면 좋겠다는 생각에 이 글을 쓰게 됐다. 이때 여행하고 나서 바로 쓴 블로그 글이 도움이 됐다. 그때는 크루즈 여행을 부담이 가는 여행으로만 생각하는 사람들이 꼭 부모님과 함께 효도 여행을 했으면 하는 마음으로 썼다. 그런데 이렇게 이 글을 쓰는 데 큰 도움이 되는 것을 보며 역시 자기 경험을 나누는 게 최고의 자선이라는 생각이 든다.

　부모님과 함께 크루즈 여행을 한다는 것은 정말 특별한 경험이다. 그동안 나에게 모든 것을 베풀어주신 부모님에게 드릴 수 있는 최고의 선물이지 싶다. 부모님 나이대 분들은 자식에게 부담되지 않으려고 부단히 노력하신다. 늘 "우리는 신경 쓰지 마라. 너만 잘 살면 된다"라고 하시곤 한다.

　상조회사 홍보나 홈쇼핑 광고를 보고 자식들에게는 알리지 않은 채 크루즈 여행을 신청하는 분들의 심정을 듣고 나는 더 절실히 깨달았다. 자녀들에게 부담 주고 싶지는 않지만, 평생 꿈꾸던 크루즈 여행을 한 번쯤 경험해보고 싶어 하신다는 것을.

　부모님에게는 당연히 부모님만의 인생이 있다. 그동안 내게는 항상 부모님에게 도움을 드려야 한다는 강박관념이 있었다. 하지만 두 분은 충분히 그분들의 인생을 즐기고 있었다는 사실을 크루즈 여행을 통해 깨달았다. 그리고 그제야 알았다. 그동안 내가 두 분의 인생을 온전히 이해하지 못했다는 사실을.

　그런 깨달음을 얻고 나는 앞으로는 더 많이 표현하고 함께 있는 매 순간을 더 소중하게 생각해야겠다고 다짐했다. 두 분 사이에는 내가 있어야만 하리라 믿었던 게 나의 착각이었음을 깨달은 것이다. 온전히 이해하고 바라보니 우리 부모님은 이미 행복한 분들이었다.

　지금 가족 간의 여행을 계획하고 있는 분들에게 말해주고 싶다. 여행의 끝판왕은 크루즈 여행이라고. 이를 가장 먼저 누려야 할 분들이 자신이 사랑하는 부모님이라고. '나중에'라는 말은 얼마나 불확실한 말인가. 먼저 경험해본 사람으로서 반드시 부모님과 함께 크루즈 여행을 가보길 권한다. 부모님을 온전히 아는 기회가 될뿐더러, 함께 상상 이상의 체험을 할 수 있는 이벤트이기 때문이다.

양예원

이제는 크루즈 여행을
해야 할 때다!

"다양성에는 아름다움이 있고 힘이 있다는 것을 부모들이 일찍부터 젊은이들에게 가르쳐야 할 때다."

미국의 시인이자 작가인 마야 안젤루(Maya Angelou)의 말이다.

우리나라 사람들에게 "크루즈 여행 알아?"라고 물으면 대부분은 모른다고 답한다. 때로는 유람선 같은 리버크루즈를 떠올리기도 한다. 아니면 카페리나. 하지만 크루즈는 이것들과는 전혀 다른 배다. 언젠가 유튜버 대도서관이 크루즈를 설명하며 전해준 정보가 있다. 다양한 크루즈 시설에 대한 정보들이다.

크루즈에는 정말 많은 시설이 설비되어 있다. 무료 시설도 있고, 유료 시설도 있다. 상당히 많은 즐길 거리, 식당들이 있으며 쇼핑센터도 있다. 그리고 숙박 시설인 만큼 당연하게도 다양한 객실들이 즐비하게 들어서 있다. 이렇게 수많은 시설을 갖춘 데다, 몇천 명이나 되는 여행객들을 태우는 만큼 배의 크기도 상당하다. 평균적으로 63빌딩과 비슷한 정도의 크기라고 한다. 가히 움직이는 빌딩, 복합 리조트라고 하겠다.

크루즈는 전천후 이동 리조트인 만큼 리조트에 설비되어 있는 시설들 대부분이 들어서 있다. 또한, 선박이다 보니 바다를 끼고 항구 간 이동을 한다. 숙박, 식사, 공연 등 크루즈 안의 90%에 달하는 시설과 프로그램을 무료로 즐길 수 있다. 그럼에도 불구하고 아직도 적지 않은 한국인들이 크루즈 여행을 잘 모를뿐더러 크루즈를 타려고도 하지 않는다. 그래서 5개나 되는 우리나라의 멋들어진 크루즈 터미널은 긴 시간 고요한 잠에 빠져 있다.

참 재미있는 게 이렇게 크루즈의 여러 편리함과 장점을 설명했는데도 사람들은 타지 않으려 했다. 그래서 왜 그런지 질문해봤다. 어떤 대답들이 나왔을까?

첫 번째, 그런 게 싫어서.
두 번째, 뱃멀미가 무서워서.
세 번째, 타이타닉호가 떠올라서.

가장 많이 나온 답은 이렇게 세 가지였다.

첫 번째 대답은 정말 뭐라 헤아릴 수도 없었다. 타보지도 않고 '그런 거'가 싫다고 하니. 어떤 게 '그런 거'인지도 잘 몰라서 그게 무어냐고 물어보면, 대답은 대부분 이러했다.

"나는 여기저기 내 발로 돌아다니며 구경하는 게 좋아."
"한곳을 느긋하고 여유롭게 둘러보는 게 좋아."

관광학과를 나온 나는 여행 동기에 대한 많은 사람의 이야기를 듣곤한다. 그럴 때면 "제대로 된 정보 없이, 또는 정보가 있어도 나만의 환상에 젖어 계획을 잡았다가 돈은 돈대로 낭비하고, 지루하고 힘들었다"라는 이야기를 많이 들었다.

예전에야 정보가 부족했다지만 요즘도 그러하겠는가? 하지만 여행지를 파악하는 데는 정보가 다는 아니다. 현지 분위기라는 것도 있고, 잘못된 정보도 있으며, 모든 게 제대로더라도 나와 안 맞거나 내 환상이 깨져기대가 와장창 무너지기도 한다. 그러다 보니 의미 없이 일정을 흘려보내게도 된다는 것이다.

여기서 크루즈의 단점을 이야기해보자. 아마도 짧은 기항지 관광 시간을 들 수 있으리라. 그런데 이것은 단점이기도 하지만, 장점이기도 하다. 바로 여행지 '찍먹(찍어 먹기)'이 가능하다는 점이다. 많은 외국 국가가 우리나라에 비하면 땅덩어리가 큰 만큼 이동에 불편함이 있다. 낯선 만큼 교통수단도 불편하기 짝이 없다.

대신 크루즈는 여러 익스커션(크루즈 내 단체여행 프로그램) 상품을 보유하고 있을뿐더러 셔틀버스로 기항지에 데려다주기도 한다. 여행자들이 기항지에서 편하게 즐길 수 있도록 배려하는 것이다. 체류 시간이 짧은 만큼 아쉬움 없이 오래 즐기지는 못한다. 하지만 여기가 다시 와서 제대로 즐겨볼 만한 곳인지, 아니면 다시는 오지 말아야 할 곳인지 판단하게 해준다.

　나의 예를 들어보자. 나는 지난번 두바이에서 출발해 이탈리아 제노바까지 가는 3주 크루즈 여행을 즐긴 적이 있다. 그때 갔던 기항지 중에는 이스라엘 하이파, 여러 그리스 섬들, 이탈리아 등이 있었다. 하지만 유명한 예루살렘이 궁금해서 갔던 이스라엘 여행은 그야말로 최악이었다. 관광객들에게 불친절했고, 길은 복잡했으며, 총을 든 군인도 다수 보였다. 나에게는 최악의 여행지였다.

　반면 그리스 섬들과 이탈리아는 따로 여행지로 빼놓아야겠다고 생각할 정도로 좋았다. 특히, 많은 관광지가 섬으로 이루어져 있는 그리스는 여행객들이 카페리를 이용해 이동한다고 했다. 그러나 카페리는 운항 편수가 많지도 않은 데다, 운행 간격도 은근히 길었다. 그러다 보니 반나절이나 한나절이면 즐길 거리가 바닥나는 그리스의 작은 섬에서 운항 편이 끊기면 하룻밤 머무르기도 해야 한단다. 비싼 숙박비를 물어가면서.

　이에 비해 바다를 이용하는 크루즈는 그리스 섬들로만 이동하는 항로도 많았다. 숙박과 식사, 이동을 크루즈가 알아서 해주니, 그리스 섬에서는 즐기고 쇼핑만 하면 됐다. 이탈리아도 마찬가지였다. 정말 맛있어 보이는 특산 음식만 따로 현지 식당에서 사 먹고, 나머지는 크루즈에서 해결할 수 있어 너무 편했다. 폼페이 관광과 피렌체 관광은 매우 짧아서 다음에 제대로 이탈리아를 여행하자고 결심할 정도였다.

이렇게 두 국가의 여행지를 즐기다 보니 다른 유럽 여행지도 '찍먹' 하고 싶었고, 다른 대륙도 가보고 싶어졌다.

우리가 환상을 품는 또 다른 크루즈 여행이 있다. 바로 남극과 북극의 알래스카 크루즈 여행이다. 특히, 알래스카나 남극은 한국과 멀기도 하고 이동 편도 마땅치 않다. 그래서 비용이 기하급수적으로 늘어난다.

알래스카가 궁금했던 나는 제일 싼 크루즈를 검색해 태평양을 횡단하게 됐다. 마지막 알래스카 시즌이다 보니 생긴 리포지셔닝 크루즈였다. 리포지셔닝 크루즈는 시즌 종료 후 새로운 시즌 지역으로 이동할 때 저렴하게 승객을 태우는 크루즈다. 여러 알래스카 크루즈를 찾아보다가 이 노선을 발견하게 된 것이다.

내 알래스카 여행은 어땠을까? 내 환상과는 달리 매우 별로였다. 크루즈 여행에는 적기가 있다. 중동이나 적도 부근 국가 크루즈는 한여름에는 운항하지 않는다. 대신 겨울이 성수기다. 반면 북극이나 남극은 여름이 성수기다. 각각 반대되는 날씨가 성수기를 좌우하는 셈이다. 그 외에 일본 크루즈 같은 경우는 비가 적고 태풍이 많지 않은 가을이 성수기다.

이렇듯 날씨와 계절과 관계가 있어서 사람들이 선호하는 크루즈가 각각 다르다. 나는 비수기로 접어드는 막바지에 알래스카를 간 것이다. 북태평양의 거대한 스톰들, 거친 고위도 파도, 흐리고 비 오는 날씨 때문에 알래스카를 제대로 맛보지는 못했다. 나는 속으로 '아, 대체 내가 생각한 화창한 날씨에 시리게 빛나는 빙하는 어디에 있단 말인가!'라고 부르짖었다.

또한, 바다가 어찌나 거친지, 메니에르병이 있음에도 많은 크루즈를 멀미 없이 탔던 내가 알래스카 크루즈만은 멀미로 고생고생했다. 남극 크루즈는 이보다 더하다 해서 깔끔하게 포기했다.

이렇듯 긴 시간 체류하며 제대로 여행해야 할지, 말아야 할지 '찍먹' 하기 좋은 여행은 크루즈 여행만 한 게 없다. 수많은 정보가 인터넷 세상에 흘러넘치지만, 그것들 모두가 옳은 정보는 아니다. 또한, 누구나 같은 감성을 가지고 있지도 않다. 게다가 어르신들은 그런 정보들을 찾는 것조차도 버거워한다. 하지만 크루즈 여행은 딱히 정보를 찾지 않아도 되는 데다 정보를 안다면 더 재미있게 즐길 수 있다. 또한, 여행지에 대해 정확하게 파악하는 만큼, 다음 여행 여부도 어렵지 않게 결정할 수 있다.

많은 사람이 여행 계획을 짜고 이동하는 행위에 피곤함을 느낀다. 쉬러 가는 것인데 여행 계획을 짠 사람은 인솔까지 맡아야 한다. 누군가에게는 휴식이지만, 누군가에게는 노동인 것이다. 이에 반해 크루즈 여행은 동등하게 재미를 느낄 수 있고, 그런 노동을 하지 않아도 된다. 함께 즐기기만 하면 되는 것이다.

인터넷에서 이런 글을 본 적이 있다. 부모님과 함께한 여행에서 예전과 달라진 것을 느꼈다고. 내용은 이러했다. 어린 시절의 부모님과 달리 지금의 부모님은 걷기도 힘들어하고, 계단도 오르기 힘들어한다. 쉽게 지치기도 하고 음식도 낯설어한다. 버스나 기차로 이동하며 지치다 보니, 여행지 하나나 둘만 돌아도 쉬고 싶어 하신다. 그러니 3층 이상의 숙소는 잡지 말고, 하루 일정도 2개 이상은 잡지 말라는 것이었다.

나는 이 글을 보고 정말 격하게 공감했다. 20대, 30대에는 신나게 여행을 즐겼건만, 40대에 이르자 체력이 완전히 달라진 것을 느꼈기 때문이다. 그러니 40대에서 70대까지 살며 약해져 온 부모님의 체력은 오죽하겠는가! 정말 크루즈 여행만 한 대안이 없음을 확신하게 해주는 대목이다.

크루즈는 어느 곳에나 엘리베이터가 있고, 어디나 화장실이 있다. 어디나 식당이 있으며, 어느 곳으로든 이동시켜준다. 어디든 즐길 프로그램이 있고, 어디나 쉴 의자가 있다. 쉽게 지치는 아이와 노년층에게 안성맞춤일수밖에 없다. 물론, 쉬러 가는 사람에게도 꼭 알맞은 선택이다.

호캉스는 호텔 주변만 즐기는 게 다지만, 크루즈 여행을 하면 다양한곳을 즐길 수 있다. 배에서만 놀아도 충분할뿐더러 내가 원하는 대로 골라 놀 수 있다. 3대가 가도 각자 취향에 맞는 곳에서 놀고 식사만 함께하면 된다. 어느 곳에나 크루가 있고, 안전요원이 있다. 선내 병원도 있으니응급처치도 문제없다. 휠체어도 문제없다. 오히려 더 많이 배려해준다. 그런 문화를 당연한 듯 누릴 수 있다. 그러니 걱정하지 않아도 된다.

안 해보고 몰라서 무서운 거지, 경험해보면 견단코 다른 여행과는 다르다는 것을 알 수 있다. 이번 휴가는 힘든 노동 여행이 아니라 쉬면서 함께하는 여행, 좁은 지역을 경험하는 호캉스가 아니라 다양한 곳을 둘러보는크캉스는 어떨까? 이제는 크루즈 여행을 해야 할 때다!

가족과 더 빨리 왔더라면
좋았을 크루즈 여행

"우리가 가족들과 함께 만드는 추억이 전부다."

미국 배우인 캔디스 카메론 부레(Candace Cameron Bure)의 말이다.

어릴 때 나는 부모님과 여행을 많이 다녔다. 누구에게나 다 그런 시절이 있었겠지만, 어릴 적 주말과 방학 때 나는 늘 여행을 하고 있었다. 아버지께서는 의미 있는 탐방을 즐기셨고, 어머니는 가족과 나들이하는 것 자체를 즐기셨다. 그러다 보니 나도 여행을 즐기게 됐고, 이는 관광학을 전공하는 계기가 됐다.

하지만 피치 못할 사정으로 나는 전공을 간호학으로 틀었다. 그때부터 내가 가족과 함께하는 시간은 극단적으로 줄어들었다. 간호사는 근무시간이 다른 직장인들과 같지 않았다. 남들이 일할 때 쉬거나 잠잤고, 남들이 쉬거나 퇴근할 때 근무하는 일이 허다했다. 게다가 어머니 또한 나와 같은 3교대 간호사여서 우리 가족 3명이 모두 모이는 것은 힘든 일이 되어버렸다.

어머니는 그때그때 짬짬이 근교라도 여행하길 원하셨다. 그러나 체력이 약한 나는 3교대 근무를 너무 힘들어하며 "힘들어", "졸려", "쉬어야 해"라는 말을 입에 달고 살았다. 내가 부모님과의 근교 여행을 거부한 이유다. 하지만 이것은 핑계가 아니라, 정말 힘들어서였다.

간호사 생활이 어느 정도 익숙해지자 그제야 나는 가족과 함께 여행해야 할 필요성을 절실히 느꼈다. 그때도 내 시간과 체력은 여전히 부족했지만 말이다. 그뿐만이 아니었다. 암 진단을 받고 재발까지 됐던 어머니의 건강이 빠르게 나빠졌기 때문이다. 이제는 가족과의 근교 여행도 힘들어졌다는 것을 깨닫게 됐다.

그렇게 어영부영하는 사이 건강이 더 안 좋아지신 어머니를 보내드려야 했다. 나는 남겨진 아버지와 많은 시간을 함께 보내고 여행하며 추억을 쌓아야겠다고 결심했다. 그러나 그 결심을 실행하기는 못했다. 평생을 함께한 배우자와의 갑작스러운 이별은 아버지에게도 큰 충격이었던 것 같다. 아버지의 뇌암마저 빠르게 진행됐고, 결국 1년도 채 되지 않아 아버지는 어머니 곁으로 가셨다.

결국, 나는 부모님 어떤 분과도 여행은커녕, 어디론가 떠나 서로 웃고 이야기하며 추억을 쌓는 기회를 얻지 못했다. 돌아가시기 1~2년 전 고작 1박짜리 근교 여행을 한 게 다였다. 나는 두 분을 보내며 많이 함께하지 못한 죄책감에 펑펑 울었다. 나이 든 지금도 부모님의 부재로 인한 상실감에 꺼이꺼이 울고 있다. 그러면서 나는 깨달았다. '가족과의 시간은 유한하다. 부모는 결코 자식이 효도할 시간을 주지 않는다'라는 것을.

나는 어리석게도 부모님이 평생 나와 함께할 거라고 큰 착각을 하며 산 셈이다. 그것은 착각을 넘어 큰 오만이었다. 늙은 부모님은 결코 내가 부모님에게 뭔가 해드릴 시간을 주시지 않았다. 결국, 부모님과 함께하고 싶었던 크루즈 여행은 나 혼자 떠나게 됐다.

크루즈 여행은 혼자보다 가족과 함께 가는 경우가 많다. 부모 자식, 또는 부부 단위로. 부모님을 모시고 여행하는 이들, 사진도 찍고 즐겁게 대화하며 같이 식사하는 이들을 보며 부러움에 눈물을 삼켜야 했다. '우리 어머니도 이런 것 좋아하셨는데, 우리 아버지도 이런 장소 정말 좋아하셨는데' 하면서.

여행하면 할수록 함께하지 못한 부모님과의 시간이 그렇게 아쉽고 슬플 수 없었다. 크루즈 여행을 몇 번 다니며 좋은 곳을 구경하고, 맛있는 것을 먹을수록, 새록새록 그런 감정이 휘몰아쳤다. 맛있는 것을 좋아하시던 어머니, 역사적 장소를 좋아하시던 아버지….

여행을 다니며 새로운 사람을 만나거나 여행 후기를 쓸 때면, 나는 항상 이 말을 강조한다.

"시간이 없더라도 반드시 가족과 함께 좋은 곳을 구경하고, 맛있는 것 먹을 시간을 만드세요."

평균 수명이 점점 늘어나고 있지만, 그게 내 가족과 함께할 시간적 여유가 있다는 것을 의미하지는 않는다. 나 또한 그런 착각 속에 부모님과 함께 시간을 보내는 것을 소홀히 했다. 부모님은 내가 효도할 새도 없이 몇 가지의 추억만 남기고 떠나셨다. 지금 내가 크게 후회하고 있는 대목이다.

크루즈는 혼자 타는 경우가 많지 않다. 요즘에야 혼자 여행하는 크루즈 탑승객이 많아졌다지만, 비율로 보면 아직도 현저하게 낮다. 크루즈 선내에는 혼자 여행하는 사람들을 위한 솔로 파티가 실제 있다. 혼자 여행 온 사람끼리 친구를 만들어주는 소개팅 자리다.

여기서 서로 어느 나라에서 왔고, 나는 누구고 하며 자기소개를 하고, 어느 정도 어울린다 싶으면 친구 관계를 맺는다. 그러고 나서 여행하며 같이 공연도 보고 기항지에서 놀기도 하고 식사를 함께하기도 한다. 워낙 홀로 여행하는 여행객이 적다 보니, 이런 솔로 파티도 소규모 인원으로만 꾸려지는 편이었다.

그러다 이 형태가 좀 변하고 있기 않나 느끼게 되었다. 7일 미만의 기간에 크루즈의 액티비티를 즐기며, 홀로 여행하는 젊은 여행객이 조금씩 늘고 있다는 것을 알고 나서다. 짧은 기간에 화끈하게 혼자 놀고 가려는 것이다. 그래도 2명 이상 함께하는 여행객에 비하면 여전히 비율이 낮다.

대부분은 부부나 연인끼리 또는 2대, 3대의 가족과 함께 크루즈에 오른다. 다정하게 손잡고 식당이나 공연장을 가거나, 즐겁고 행복한 얼굴로 상대방과 환담을 나눈다. 공연에 관한 이야기, 다음 기항지 일정에 관한 이야기를 나누며 식사한다. 이렇게 크루즈 안에 마련된 여러 프로그램을 함께 즐긴다.

신나게 크루즈 안에 갖춰진 여러 시설을 즐기러 다니는 젊은 부부 대신, 움직이기 힘든 노부부가 손자녀를 맡아서 놀아주기도 한다. 한편, 아이들과 함께 온 부부는 다양한 연령대의 자녀를 돌봐주는 크루즈 학교에 아이를 맡기고 기항지에 내려 관광하기도 한다. 그렇다고 아이들이 심심해하지도 않는다. 크루즈 안에는 아이들 돌봄 프로그램이 있고, 이를 통해 각지에서 온 외국 아이들과 놀며 새로운 문화를 경험할 수 있기 때문이다.

그러면 젊고 어린 사람들에게 맞춘 프로그램만 있을까? 아니다. 나이 지긋하고 몸이 불편한 시니어층이 즐길 거리도 한가득 마련되어 있다. 고전적인 빙고는 물론, 노래방(가라오케), 7080의 팝송 공연 등 수많은 프로그램과 공연이 어느 연령대든 지루하지 않도록 항시 대기하고 있다. 크루즈는 온 가족이 함께 즐기기 아주 좋은 공간인 셈이다.

요즘 부모님과 함께 크루즈 여행을 떠나는 젊은 층 사이에 유행하는 말이 있다. 부모님과 여행 갈 때는 반드시 부모님에게 〈여행 10계명〉을 약속받고 가야 한다는 것이다. 〈여행 10계명〉은 이러하다.

1계명 : "아직 멀었냐?" 금지.

2계명 : "음식이 달다" 금지.

3계명 : "음식이 짜다" 금지.

4계명 : "겨우 이거 보러 왔나?" 금지.

5계명 : "조식 이게 다냐?" 금지.

6계명 : "돈 아깝다" 금지.

7계명 : "이 돈이면 집에서 해 먹는 게 낫겠다" 금지.

8계명 : "이거 무슨 맛으로 먹냐?" 금지.

9계명 : "이거 한국 돈으로 얼마냐?" 금지.

10계명 : "물이 제일 맛있다" 금지.

이 계명들을 보며 얼마나 웃고 공감했는지 모른다. 당일치기 국내 여행을 갈 때도 이러한데, 해외여행이라도 갈라치면 얼마나 더 금지사항이 많아질까? 그러나 크루즈 여행에서는 이러한 문제들이 대부분 해결된다. 일단 이동은 대부분 배가 담당한다. 기항지로만 움직이거나 익스커션 또한 함께 움직여서 이동에 큰 불편이 없다.

또한, 음식이 달고 짠 것도 크게 걱정할 필요 없다. 크루즈에 마련되어 있는 식당의 종류는 두 가지다. 정찬 식당과 뷔페 식당이 그것이다. 내가 경험해본 크루즈 중 단 하나를 제외하고는 음식에 불만이 없었다. 한 식당이 있는 배도 많았고, 아시아 식당이나 뷔페 식당에도 아시아 코너가 있었다. 게다가 뷔페 메뉴에 김치가 나오는 경우도 종종 있었다. 또한, 고추 국물이 시원한 누들도 많이 내놓는다.

음식이 마음에 안 들었던 크루즈에서도 짜증을 참을 수 있었던 것은 단 한 가지, 육개장같이 시원한 국물 음식이 있었기 때문이다. 정찬이고 뷔페고 마음껏 주문해 먹을 수 있어서 양 걱정도 할 필요 없다. 이런 것들 대부분이 크루즈 비용에 포함되므로 음식값을 따로 내고 식사하는 경우는 매우 드물다.

"겨우 이거 보러 왔냐?"라는 불평도 걱정할 필요 없다. 크루즈에서는 수많은 공연이 다양하게 매일 펼쳐진다. 큰 공연부터 소소한 펍 공연까지. 게다가 그 공연들의 수준도 제법 높다. 내가 찍은 여러 공연 영상들을 볼 때마다 또 보고 싶다는 생각이 들 정도다. 또한, 매번 바뀌는 기항지에서 관광하며 즐기는, 신선한 외국 풍물은 지루할 틈을 주지 않는다. 그 외국의 분위기 자체를 즐길 수 있다.

크루즈 여행 비용에는 숙박비, 이동비, 식사비가 포함되어 있다. 물론 별도로 내야 하는 비용이 몇몇 있긴 하다. 조금 더 고급스러운 음식이라든가, 음료와 술 그리고 팁, 약간의 유료 시설 이용비 등이 그렇다. 하지만 90% 정도는 크루즈 기본비용에 포함되므로 돈 쓸 기회 없이 여행하는 일도 매우 많다. 게다가 크루즈 멤버십이나 프로그램을 잘 활용하면, 크루즈 안에서 쓰는 비용을 얻어낼 수도 있다. 정말 가성비가 대단한 여행이다.

크루즈를 모르고 경험해보지 않아서 크루즈 여행을 안 가는 사람은 봤다. 하지만 크루즈를 한 번만 타는 사람은 거의 보지 못했다. 내가 접촉했던 많은 한국인과 일부 외국인들의 경우는 첫 크루즈 여행이었지만, 대다수는 다중 이용 경험 승객이었다! 가족과 함께 가성비 있게 즐길 수 있는 여행, 다양한 공간에서 편하게 시간을 보낼 수 있는 여행. 그런 여행으로 크루즈 여행만 한 게 없다고 나는 자신 있게 말할 수 있다.

　나처럼 '가족과 더 시간을 보낼걸', '한 번이라도 함께 여행 갈걸' 하고 후회하지 말고, 지금이라도 일본, 대만, 싱가포르처럼 가까운 나라 크루즈 여행부터 가보자! 다시 말하지만, 부모님은 결코 우리의 효도를 기다려주시지 않는다.

김결이

크루즈 여행을
알게 되다!

2019년 12월, 코로나19 바이러스가 전 세계적으로 퍼지기 시작했다. 이 팬데믹이 세계에 미친 사회적, 경제적 영향은 막대했다. 수많은 행사가 연기되거나 취소됐다. 또한, 이 시기 감염 예방을 위한 거리 두기와 보건용 마스크 착용이 사회적으로 강조됐다. 세계 각국 정부는 이런 노력과 여행 제한, 외출 통제, 봉쇄 시설 출입 제한, 역학조사 등 감염 검사와 접촉자 추적을 강하하는 이에는 아무것도 할 수 없었다. 뉴스에서 감염자와 사망자 소식을 접할 때마다 두려웠고, 백신이 나오기 전이라 죽을 수도 있다는 생각에 더 무서웠던 시절이었다.

2019년 여름, 나는 미국에서 사는 친구에게서 가족들과 함께 한 달 동안 놀러 오라는 연락을 받았다. 나는 남편과 의논도 하지 않고 무조건 가겠다고 했고, 그날 저녁에서야 미국에서 사는 친구가 놀러 오라고 하니, 한 달 동안 미국에 여행 가자고 남편을 설득하려 했다. 하지만 남편은 "다음에 시간 되면 가자"라고 말할 뿐이었다. 그 순간, 역시 예상을 빗나가지 않은 남편의 답변에 나는 오히려 담담한 마음이었다.

나는 곧바로 "그럼 애들만 데리고 미국에 갈 테니, 집 잘 보고 있으세요. 잘 다녀올게요"라는 말만 남기고, 미국 LA로 가는 비행기에 탑승했다. 그러고는 친구 덕분에 미국에서 아이들과 행복한 시간을 가진 것은 물론, 잊지 못할 추억까지 덤으로 가져왔다.

그리고 2019년 겨울, 코로나의 시작으로 비행길이란 비행길은 다 막혀 여행은 언감생심이었다. 다음에 시간이 되면 가자는 남편의 말에 동조했더라면 어쩔 뻔했나. 인생에 기회가 올 때 놓치지 않고 잡는 용기가 필요하다는 것을 뼈저리게 느낀 사건(?)이었다.

무슨 일이든 부닥쳐 보지 않으면 미련이 남는 법. 선택하고 실천했기 때문에 뿌듯한 경험을 할 수 있었고, 무엇에든 도전하는 용기를 키울 수 있었다.

그러던 어느 날 휴대전화 벨이 울려서 받았다. 수화기 너머에서는 친한 언니의 목소리가 들려왔다. 언니는 대뜸 내 생년월일과 시를 대라고 했다. "이유는 나중에 알려줄게. 급하니 빨리 알려 달라"면서. 정보를 알려준 한참 후 휴대전화가 다시 울렸다. 언니였다. 언니는 친한 동료가 사주를 공부하는데 기막히게 잘 맞혀서 내 사주를 알려주었다고 했다. 그런데 그 동료가 내가 책을 쓴다고 했다면서 크게 웃어젖혔다.

나는 "언니, 그분 정말 용하다. 언니가 비웃을까 봐 이야기 못 했는데 나 책 쓰고 싶다고 생각해왔어"라고 고백하고 말았다. 그렇게 속마음을 털어놓고 나서 나는 언니와의 통화를 마쳤다. 마음속 깊이 간직하고 있던 비밀을 누군가에게 들킨 것 같은 찜찜한 기분으로.

하지만 언니와 통화한 후 한편으로는 기분이 좋았다. 책을 쓴다는 것은 시중에 내 책이 나올 수도 있다는 말 아닌가. 어쨌든 문제는 내가 책을 어떻게 써야 하는지도 모르고, 책을 내는 방법도 모른다는 것이었다. 그때 우연히 한 유튜브를 보게 됐다.

유튜브를 통해 김태광 대표 코치님이 동탄에서 특강을 한다는 정보를 얻게 됐다. 직접 만나 뵙고 싶은 마음에 특강을 신청했다. 그러고는 특강에서 추천해준 책들을 사들였다. 단기간에 많은 작가를 배출했다는 이야기는 들었지만, 비용이 만만치 않겠구나 싶어 선뜻 미팅을 잡을 수 없었다. 그러다가 특강에서 만난 한 친구와 우연히 연락처를 주고받게 됐다.

시간이 흐른 어느 날, 갑자기 그 친구에게 연락해보고 싶다는 생각이 들었다. 어떻게 지내는지 궁금했다. 수화기 너머 들려오는 반가움에 들뜬 목소리. 서로 잘 알지 못하는 사이였지만 30분 넘게 통화가 이어졌고, 12월 5일에 만나기로 약속을 잡았다.

12월 5일, 11시 약속이라 서둘러 집에서 나왔는데, 얼마 안 가 자동차 바퀴에 못이 박혀 바람이 빠지는 사고가 났다. 나는 자동차 보험회사에 연락을 취하고 나서 친구에게 전화를 걸어 자초지종을 설명했다. 이런 상황이라면 으레 약속을 취소하겠지만, 나는 그럴수록 더 만나야겠다는 생각이 들었다.

약속보다 한 시간 정도 늦어졌지만, 그 친구 얼굴을 보니 반가웠다. 만나기로 약속했던 식당에서는 인덕션의 불이 안 켜지는 사고⑦가 났다. 종업원이 켜 주면 잠깐 불이 들어왔다가 바로 다시 꺼져버렸다. 몇 번이나 종업원을 불렀는지 모른다. 종업원은 "한 번도 이런 적이 없었는데…" 하면서 불을 붙여 주었다. 그런데 3분 후 갑자기 펑 하는 소리가 났다. 옆 테이블에서 풍선이 터졌나 잠깐 둘러보다 우리 테이블 인덕션에서 벌어진 일임을 알게 됐다. 만약 부탄가스 레인지였다면 어땠을지, 생각만 해도 소름 끼친다. 지금 생각해봐도 그날은 너무 이상한 날이었다.

식사를 마친 후 커피를 마시기 위해 우리는 자리를 옮겼다. 친구는 특강 이후 두 대표님을 만나고 자기 삶이 달라졌다고 이야기했다. 특강 때는 생기조차 느껴지지 않던 친구는 밝고 의욕이 넘치는 모습으로 그동안의 이야기를 풀어놓았다.

친구는 권동희 대표님과 함께 4박 5일 싱가포르 크루즈 여행을 다녀와서 이렇게 성격까지 바뀌었다고 힘주어 말했다. 한 번의 여행으로 성격까지 바뀔 정도라니, 대체 얼마나 좋았길래 그럴까. 친구는 자신이 내성적인 성격이라 사람도 잘 안 만나고 집에만 틀어박혀 있는 편이라고 했다. 그랬었는데 크루즈 여행을 통해 천국을 경험했다고 하는 것이었다.

대체 어느 정도이길래 천국을 경험했다는 표현까지 쓸까? 여행을 좋아하는 나로서는 가보고 싶은 마음이 굴뚝같았다. 나이 들어서 가는 여행이라고만 생각했던 크루즈 여행이었는데, 당장 떠날 수도 있지 않을까, 싶었다.

그동안 나는 지인 중 하나가 몇 번씩 다녀온 크루즈 여행 경험담을 이야기했지만 흘려들었었다. 크루즈 여행은 비싸다는 선입견과 영화 〈타이타닉〉을 보고 배 여행은 위험하다는 인식이 뇌리에 박힌 탓이었다. 그리고 누구와 함께하느냐에 따라 재미있을 수도 있지만, 그 반대일 수도 있지 않을까 싶었다. 그만큼 신중함을 요하는 여행이다 싶어 선뜻 내키지는 않았었다.

그러던 중 〈한국책쓰기강사양성협회(한책협)〉의 '성공해서 책을 쓰는 것이 아니라 책을 써야 성공한다'라는 모토를 접하게 됐다. 그 말이 눈에 확 들어온 탓인지, 나도 책을 써야겠다는 마음이 다시 꿈틀거렸다. 김태광 대표 코치님과의 면담 후 수강 기회를 또 잡게 됐다. '사람의 인연에 우연은 없다. 만나야 할 사람은 꼭 만난다'라는 말을 실감하는 순간이었다.

버킷리스트에 크루즈 여행을 해보고 싶다고 적었다. 그때 마침 권동희 대표님께서 5월에 스페인 바르셀로나에서 출발하는 지중해 크루즈 여행 편이 있다고 알려 주셨다. 그런 데다 신생 크루즈 여행 코스라고 말씀해주셔서 설렘은 점점 커져만 갔다. 코로나로 인해 여행을 못 가게 되면서 여행을 좀 더 많이 다닐걸, 아쉬워하는 마음이 컸던 때였다. 게다가 스페인 바르셀로나는 꼭 가보고 싶었던 곳 아니었던가. 나는 대표님에게 바로 가겠다고 말씀드렸다.

크루즈 여행은 비용이 많이 든다고 들어온 만큼 '1인당 얼마의 비용이 들까?' 궁금했다. 대표님에게 여쭤보니, 이럴 수가! 7박 8일 지중해 크루즈 여행을 1인당 150만 원에 갈 수 있다는 것이었다. 정말 말도 안 되는 금액이어서 놀라움을 금치 못했다. 이렇게 최저가 금액으로 갈 수 있는 게 크루즈 멤버십에 가입해서 누릴 수 있는 혜택임도 알게 됐다. 코스트코처럼 회원제로 운영되고 있었다. 대표님은 크루즈 멤버십에 가입할 경우 받을 수 있는 7가지의 혜택을 말씀해주셨다.

1. 전 세계 최저가 크루즈 여행 가능
2. 크루즈 여행 예약 시 사용할 수 있는 포인트 적립

   여기서 1$ = 1RP에 해당하며, 크루즈 달러라고도 부른다.
3. 매달 100달러 납부 시 200RP를 받게 되므로 2배 적립 가능
4. 전 세계 제휴 호텔 예약 시 일정 부분 사용 가능
5. 객실(2인 1실) 비용의 1인(본인) 비용 100% 결제 가능
6. 2년 후부터는 동승객의 비용도 포인트 결제 가능
7. 유효기간 없음.

회원이 되면 이 모든 혜택을 받을 수 있다니 놀라울 따름이었다. 인크루즈 멤버십은 아는 만큼 제대로 누릴 수 있는 크루즈 멤버십이다. 그 점을 제대로 알게 된 나는 어떤 회사인지 정확하게 알고 싶어 구글 사이트에서 검색해봤다.

"인크루즈는 국제 크루즈 선사협회의 정식 회원 회사로서 법률적 규정을 준수할뿐더러 전 세계 주요 크루즈 노선의 예약이 가능하며 150여 개국의 회원들이 참여하고 있습니다."

"회사 대표로 소개된 마이클 허치슨(Michael Hutchison)은 EDS사 출신으로 토니 로빈스(Tony Robins)사의 부사장을 역임했으며, Dun & Broadstreet Web TV 쇼의 진행자이자 베스트셀러 작가입니다.

Content Market 및 버진항공 예약 사이트인 Smart Charter의 설립자인 스콧 더피(Scott Duffy), Travel Capitalist Ventures의 설립 파트너인 아브라 아매드(Abrar Ahmad), NEURS LLC(NEURS.COM)의 CEO인 프랭크 코디나(Frank Cordina), 《The Best of Guerrilla Marketing》 공동 저자인 웬디 스티븐스(Wendy Stevens), 여행 법률 그룹 Adam의 A. Anolik, Esq.가 함께 경영에 참여하고 있습니다."

"우리의 회원과 파트너를 가족처럼 최우선으로 생각합니다. 우리는 회원들을 위한 가치 창조를 통해 우리의 가치를 높입니다."

"다른 사람들을 돕기 위해 살아가는 사람들이 모인 곳, 인크루즈는 감사와 기부 정신을 바탕으로 설립됐습니다. 투명하고, 정직하고, 신뢰성 있는 사람과 같이 우리 회사의 DNA는 투명성과 정직, 신뢰성으로 이를 우선시해 사람들을 영입하는 정직한 사람들로 구성됩니다."

"우리는 재미를 판매합니다! 회원들이 재미있게 즐길 수 있는 환경을 창조하기 위해 열심히 노력합니다.

큰 꿈을 열망하는 자와 그 꿈을 창조하는 자. 우리는 그들이 꿈을 키우고 더 빨리 실현할 수 있는 플랫폼이 되고자 합니다."

나는 마이클 허치슨 CEO의 경영 철학이 정말 좋다. 가치 창조라는 단어에 마음이 꽂혔다. 가치 창조라니, 얼마나 멋진 말인가. 다른 사람들을 돕기 위해 살아가는 사람들이 모인 곳, 마이클 허치슨, 이분을 직접 만나 본 것은 아니지만, 글에서 진정성이 느껴졌다.

여행이 즐거운 이유는 익숙한 생활에 젖어 있다가 가끔 모르는 세계로 떠나는 행위로 인해 익숙함이 깨어지기 때문이리라. 또한, 다양한 활동과 경험을 통해 인생을 보는 시야를 넓히고, 자신을 변화시켜 주는 에너지를 얻는 기회이기 때문이리라. 나는 여행을 통해 모든 것에 감사할 줄 아는 마음을 배웠다. 이번 크루즈 여행에서는 또 어떤 깨달음을 얻을까? 흥미진진하다.

깜짝 선물처럼 다가온
크루즈 여행

크루즈 여행은 비용이 많이 들고, 나이 들어서 가는 여행이라고 생각하며, 나와는 전혀 상관없다고 치부해왔다. 그래서 꿈조차 꾸지 않았고, 크루즈 여행에 관한 모든 것은 선입견에 가려져 있었다.

여행은 누구와 함께하는가에 따라 즐거움이 배가 된다. 그래서 2023년 5월 21일부터 5월 28일까지 7박 8일간 작가님들과 함께하게 될 서부 지중해 크루즈 여행을 준비하는 과정 내내 마음엔 설렘으로 가득했다.

크루즈 여행은 6개월 전에 예약해야 원하는 객실을 얻을 수 있다. 더불어 비행기 표도 미리 예매하면 훨씬 저렴한 가격에 구입할 수 있다. 따라서 크루즈 여행을 계획하고 있다면 서둘러 예약하는 게 비용을 아끼는 최고의 방법이다. 여권 갱신 기간이 6개월은 남아 있어야 하므로 그 또한 미리 잘 확인해놓아야 한다.

코로나로 인한 여행 제한은 역마살이 있는 나에게는 참기 힘든 일이었다. 코로나가 무서워 아무 데도 안 가고 집 안에서 밥만 먹고, 운동도 안 하고 지냈더니 확찐자[1]로 판명 났다는 우스갯소리가 돌고 있기도 했다. 그 말이 정말 현실이 되어가는 내 상황에 괴로워할 때 크루즈 여행은 나에게 한 줄기 빛처럼 다가왔다. 게다가 스페인 바르셀로나를 간다고 하니 나를 위한 깜짝 선물처럼 느껴졌다.

스페인 바르셀로나라고 하면, 제일 먼저 축구를 떠올리는 분들도 있을 것이다. 하지만 사그라다 파밀리아 성당, 카사 바트요, 카사 밀라, 구엘 공원 등 스페인 건축학의 아버지, 안토니 가우디(Antoni Gaudi)의 작품들을 직접 감상할 수 있는 곳이기도 하다. 그래서 이번 여행이 특별하고 아름다운 여행으로 기억되길 바라며 하루하루를 보냈다.

크루즈에 여유 있게 승선하려고 하루 일찍 바르셀로나에 도착해 예약해둔 숙소로 이동했다. 숙소가 크루즈 터미널 역에서 가까운 데다 시내 중심가에 있어 거리에는 사람들이 제법 많았다. 숙소에 도착해 계단으로 짐을 들고 올라가야 하나 잠깐 걱정하고 있는데, 엘리베이터가 눈에 띄었다. 2명 정도 타면 꽉 찰 정도로 좁았지만, 나는 그나마 다행이라며 안도했다.

숙소를 독채로 빌려서 그런지 방도 많았고, 전체 분위기도 편안해서 좋았다. 거기에 더해 다음 날 아침이 되자 '숙소를 참 잘 잡았구나' 다시금 느끼게 됐다. 아침 일찍 눈이 뜨여 창문을 열자 눈앞에 그림 같은 멋진 풍경이 펼쳐진 것이다. 나는 넋 놓고 그 풍경을 바라다봤다. 아름다운 파란 하늘과 시원하고 깨끗한 공기, 저 멀리 보이는 가우디의 멋진 작품 카사바트요는 정말 바르셀로나에 왔구나, 실감하게 해주었다. 이 글을 쓰고 있는 지금도 그때의 감동과 감정들이 다시 밀려온다.

숙소에서 차로 20분 정도 이동해서 크루즈 터미널에 도착했다. 바로 짐을 맡기고 짐 태그를 받아 붙이면, 서너 시간 뒤 객실 문 앞에 배달된다. 체크인 시간이 되자 짐 검사를 하기 시작했다. 세관 검사라고는 생각도 못 하고 휴대용 짐벌카메라를 들이대다가 촬영한다는 오해를 받게 됐다. 찍은 장면이 없다고 강변했지만, 쉽사리 믿어주지 않았다. 확실하게 보여주지 않으면 검사 시간이 오래 걸릴 수 있을 듯했다. 나는 저장된 파일들의 정확한 날짜를 검사원에게 보여주었다. 그러자 비로소 통과시켜 주었다. 너무 긴장한 나머지 등에서 식은땀이 날 정도였다.

크루즈 대부분은 승선카드를 주는데, 버진 보야지(Virgn Voyages)는 레드 팔찌를 발급해주었다. 색다른 콘셉트여서 관심을 끈 데다 항상 몸에 지니고 다닐 수 있어서 편리했다. 그래서 팔찌라는 아이디어를 택했나 보다. 팔찌에는 승객 이름과 이용하게 될 다이닝 타입 및 테이블 번호, 안전 대피 장소 등이 쓰여 있었다. 신분증 역할도 하는 이 팔찌는 단순한 객실 카드가 아니다. 기항지와 배를 오갈 때 신분증으로도 쓰이고, 객실 및 선내 유료 시설을 이용할 때 결제 수단으로도 쓰이니, 절대 분실하지 않도록 주의해야 한다. 분실 시에는 데스크에 신고하고 새로 발급받아야 한다.

2020년에 새로 연 버진 보야지는 성인(18세 이상 성인만 탑승 가능) 전용 크루즈다. 버진 그룹의 창업자 리처드 브랜슨(Richard Branson)은 상식과 통념을 깨는 영국의 괴짜 CEO다. '즐거운 경험을 제공하는 회사'라는 버진 브랜드의 정체성답게 버진 보야지 크루즈에 '건배'라는 한국 식당이 있어 놀라움을 자아냈다. 건배 식당에서는 K-Pop이 흘러나오고, 외국인들이 각 테이블에서 369 게임을 하거나 건배를 외치며 즐겁게 우리나라 음식을 즐기고 있었다. 그 모습에 감탄이 절로 나왔다. 이는 버진 그룹의 창업자 리처드 브랜슨의 앞을 내다본, 신의 한 수였다.

1년 중 6개월 넘게 여행하신다는 부부 크루즈 여행가님이 크게 감동해 앞으로 버진 보야지 크루즈만 타겠다고 할 정도였다. 나는 부부 크루즈 여행가님의 마음을 십분 이해했다. 크루즈 안에 우리나라 식당이 없었다면, 아마 라면 생각이 뇌리에서 떠나지 않았을 것 같다.

크루즈 안에는 최고 수준의 맛있는 음식들이 즐비하게 차려져 있어 '뭘 먹을까?' 고민할 정도였다. 24시간 운영하는 뷔페도 있지만, 다양한 개별 레스토랑도 있었다. 매일 드레스를 차려입고 예약 시간에 예약한 식당에 가면 고급 코스요리도 맛볼 수 있었다. 매니저와 웨이터의 친절한 서비스가 감동적이었다.

크루즈에서는 룸 옵션을 선택할 수 있는데, 금액에 차이가 있다. 우리가 선택한 발코니룸에는 베란다 같은 발코니가 있었다. 그곳에서 바로 바다 뷰를 감상할 수 있었는데, 잔잔한 바다는 고요하고 평화로웠다.

조식 배달 룸서비스를 신청하고 발코니에서 바다 위로 떠오르는 아름다운 태양을 가까이에서 바라봤다. 따뜻한 커피와 함께 맛있는 음식을 음미하듯 먹으면서 감사의 마음을 느꼈다. '앞으로는 더 재미있게 살아야지', 다짐도 했다.

크루즈는 우리가 자는 동안 밤새 바다를 항해해 다음 날 벌써 기항지에 도착해 있었다. 배가 항구에 정박하자 우리는 배에서 내렸다. 우리가 내린 기항지는 프랑스 남부 툴롱으로 프랑스의 가장 중요한 해군 기지 중 하나일뿐더러 지중해의 주요 해군 기지이기도 했다. 툴롱 다운타운을 구경한 후, 우리는 항구 주변 식당에 앉아 현지 음식을 즐겼다. 우리가 타고온 버진 크루즈를 바라보면서. 따뜻한 햇볕을 받으며 홍합스튜와 시원한 맥주를 먹는 기분이란! 마음이 풍요롭게 활짝 열리는 것 같았다. 이런 여유로움이 나는 참 좋았다.

이탈리아 마리나 디 카라라 기항지에 도착해서는 크루즈의 무료 셔틀버스를 타고 기항지 투어에 나섰다. 이어서 기차를 타고 피사로 이동했다. 관광지답게 사람들이 많았다. 유럽 여행지에서는 소매치기를 가장 조심해야 한다고, 먼저 다가와 호의를 베풀려고 하는 사람들을 조심하라고 들었던 터여서, 신경이 쓰였다.

피사의 탑 근처에서 길거리 핫도그를 사 주변에 앉아 먹고 있었다. 그때 그곳에서 액세서리를 파는 상인분이 앉으라며 본인의 의자를 내어주셨다. 사진도 찍어준다고 하길래 휴대전화를 가져가는 것 아니냐고 우스갯소리를 했더니, 그분은 웃으면서 본인의 액세서리 가게를 가리켰다. 어쨌든 그분 덕분에 우리는 단체 사진도 찍을 수 있었다.

그분이 베푼 친절에 감사하는 마음으로 우리는 액세서리를 하나씩 샀다. 그러고 나서 피사의 탑을 보러 갔는데, 한참 후 액세서리 가게 주인이 헐레벌떡 우리를 찾아왔다. 우리가 그곳 가게에서 산 액세서리를 놓고 갔다며 그 많은 인파를 헤치고 우리를 찾아와 액세서리를 전해준 것이었다. 이루 형언할 수 없을 정도로 고마웠다. 피사의 탑을 보러 와서 이렇게 좋은 분을 만나 잊을 수 없는 추억을 쌓다니! 그 액세서리 가게 주인아저씨로 인해 이탈리아가 참 좋게 느껴졌다.

코르시카섬의 아작시오는 나폴레옹(Napoléon)의 생가가 있는 곳이다. 좁은 골목 안으로 들어가면 나폴레옹의 얼굴이 그려진 간판이 눈에 띈다. 그곳을 다녀간 유명인들의 사진을 붙여 놓고, 기념품들을 팔고 있었다. 나폴레옹을 자랑스러워 하는 마음이 마을 곳곳에서 느껴졌다. 나는 드골 광장의 '나폴레옹과 그의 형제들'이라는 동상 앞에서 사진을 찍었다. 마음속으로 승리와 '불가능은 없다'라고 외치면서.

드골 광장을 지나니 눈앞에 아름다운 해변이 펼쳐졌다. 날씨가 쾌청해 그냥 걸어도 마냥 좋았다. 그러다 길 아래 바닷가에서 수영하고 있는 사람들을 보게 됐다. 우리는 발걸음을 재촉해 바닷가로 다가갔다. '지중해까지 와서 그냥 갈 수 없지' 하고 객기를 부리면서. 그런데 이럴 수가! 바닷물이 엄청 차가웠다. 그래서 발만 살짝 담그려 했는데, 물을 좋아하는 한 사람이 앞장서서 바닷물에 입수해버렸다. 그 덕(?)에 우리는 지중해를 제대로 느끼고 왔지만 말이다.

크루즈에는 각종 시설과 액티비티, 공연이 준비되어 있다. 시설로는 수영장, 헬스장, 카지노, 레스토랑, 스포츠 시설, 면세점, 게임장 등이 있다. 기항지 투어를 안 하더라도 크루즈 안에 온종일 있으면서 이런 시설들을 즐길 수 있다. 그리고 매일 저녁 펼쳐지는 뮤지컬, 콘서트, 마술쇼 등의 다양하고 화려한 공연을 감상할 수 있다. 정해진 시간이 있으니 선상 신문을 확인하면 매일 다양한 쇼를 골라 관람하고 즐거운 추억을 만들 수 있다. 선내에서 자유롭게 쇼핑을 즐길 수도 있다. 드레스나 정장 차림을 하고 저녁에 나가면 클럽과 바에서 신나는 음악을 즐길 수 있음은 물론, 다양한 외국인 친구들도 만날 수 있다. 이처럼 크루즈에서 제공하는 모든 혜택을 즐기며 여행의 묘미를 만끽할 수 있다.

크루즈 여행 시 한복을 꼭 챙겨가면 좋을 듯하다. 사진이 예쁘게 나오는 데다 한복을 입고 다니면 많이들 한국을 알아주니까 말이다. 그뿐만 아니라 아름답다고 치켜세우면서 사진을 같이 찍자고 해서 기쁘고 뿌듯했다.

깜짝 선물처럼 다가온 크루즈 여행을 통해 나는 크루즈 세계에 입문했고, 새로운 세상을 만났다. 나는 기독교 신자는 아니지만, 크루즈를 보고 있노라면 노아의 방주가 생각났다. 지인이 크루즈 여행을 하며 천국 같은 삶은 누리고 왔다고 한 말이 기억에 새롭다.

"산이 좋아? 바다가 좋아?"라는 질문을 받으면 나는 항상 바다가 좋다고 했다. 왜 바다가 좋을까 생각해보니, 어릴 적 할머니가 너무 좋아 늘 할머니 집에 따라가겠다고 땡깡 부렸던 기억이 있다. 할머니 집은 바다 가까이에 있었다. 그래서 할머니와의 추억이 많은 바다가 좋은가 보다.

2023년 11월에 미국 바하마 카리브해 크루즈 여행을 하고 왔다. 함께한 작가님들과 특별하고도 소중한 시간을 보내고 왔다. 여행을 추억하며 즐겁고 행복한 마음으로 하루하루를 보내고 있다.

좋은 것은 함께 나누고 알려야 하는 법! 크루즈 멤버십 회원인 나는 어렵지 않게 가족 및 주변 지인들과 함께 크루즈 여행을 하고 있다. 크루즈 여행에 관해 궁금한 점이 있으면 010-9842-0963으로 연락하길 바란다.

금선미

버킷리스트를 지워가며 사는
내 삶이 좋다

　오늘은 2023년 9월 13일이다. 카페의 큰 창밖으로는 가을비가 온종일 내리고 있다. 어제까지 그렇게 더웠는데 이렇게 비가 오니 이제 선선한 가을이 시작되려나 보다. 참 다채롭고 감탄을 금치 못하게 하는 게 자연이다.

　이렇게 크루즈 여행을 하면서 글을 쓰는 게 내 버킷리스트 중 하나다. 버킷리스트대로 살려고 지금 나는 이렇게 글을 쓰고 있다.

　2022년 12월 26일자 나의 버킷리스트 43개 항목 중 다섯 번째는 이렇게 쓰여 있다.

　'5. 나는 부모님과 가족과 함께 크루즈 여행을 했다.'

이것도 아마 2021년에 지우지 않은 버킷리스트 항목일 것이다. 해를 넘기고 이렇게 다시 보게 되니 말이다. 그 위 네 번째 항목인 '4. 캐나다 여행하기'는 '캐나다(2023년 4월 완료)'라고 초록색으로 표시되어 있다.

나는 버킷리스트 중 이미 이룬 것은 내가 좋아하는 초록색으로 완료 표시를 해둔다. 자연의 싱그러움이 느껴지는 초록색은 보는 것만으로도 기분이 좋아지기 때문이다. 또한, 미완료된 버킷리스트 항목은 파란색으로 표시해둔다. 하늘과 바다처럼 끝없이 펼쳐져 나를 다 수용하고도 남을 것 같은 그 느낌이 좋아서다. 그해에 새로 추가되는 버킷리스트는 그냥 검은색으로 쓴다. 예전 수업 시간에 배운 좋은 문구를 샤프로 수첩에 썼을 때의 느낌을 주기 때문이다.

이렇게 색깔로 표시해두면, 매일 노트북을 열어 그 긴 버킷리스트 항목들을 다 읽지 않아도 된다. 색깔만으로도 완료 여부를 알 수 있으니까. 강의자료를 준비하다가도 나는 가끔 노트북을 열어 나의 꿈들, 소망들을 눈으로 훑는다.

신기한 것은 매해 초록색이 생겨나는 것은 물론, 검은색도 늘어난다는 사실이다. 이는 내가 원하는 것들이 이루어지고 있을뿐더러 새로이 원하는 것들 또한 계속 생겨나고 있다는 말 아니겠는가. 이런 현상을 통해 나는 어제의 나와 오늘의 나, 미래의 나를 마음속에서 이리저리 견주고 있는지도 모르겠다.

나의 버킷리스트는 이렇게 지워지고 새로이 추가되면서 매해 업데이트되고 있다. 사실 크루즈 여행도 내가 대기업 상담실 실장으로 일할 때 폴

란드에서 오신 어떤 팀장님 덕분에 알게 됐다. 그 팀장님은 카톡으로 소식을 전하면, 지금도 유럽에 놀러 오라고 하실 만큼 대화가 잘 통하는 분이셨다. 그분은 좋은 것이든, 나쁜 것이든 상대방에게 말을 전달할 때 솔직하고 개방적이셨다. 사람에 대한 존중감이 느껴지는 그분의 말씀은 늘 더 잘 귀에 들어오고 기억에 남는 것 같았다.

그날도 회사 회식 후 삼삼오오 모여 앉아 담소를 나누고 있었다. 팀장님은 해외 생활을 오래 하셔서 그런지 여행 경험이 많으셨다. 특히 크루즈 여행은 살면서 꼭 한 번은 가봐야 한다며, 우리에게 당신의 가족 크루즈 여행 경험담을 구체적으로 들려주셨다. 아이들과 함께 크루즈 내에서 수영하고, 다양한 공연을 보고, 격식 있게 차려입고 멋진 식사를 하노라면 너무 행복했다고 하셨다. 아이들도 너무 좋아했고. 꼭 해볼 경험이라며 아이처럼 신나 하며 이야기하셨다.

나는 크루즈 여행에 대해서 그때 처음 구체적으로 들어봤다. 일반인도 갈 수 있는 여행이라는 것을 그분을 통해 알았다고나 할까? 사실 그때까지만 해도 나는 크루즈 여행을 내 생애에는 갈 수 없는 여행으로 치부했던 것 같다. 그분의 여행담을 그냥 무슨 무용담처럼 들었으니까. 마음속으로 '저분은 해외에서 사시고 여러 가지 여건이 좋아 저런 여행도 할 수 있으시구나', 감탄만 했다.

'크루즈 여행' 하면 떠오르는 것은 영화에서 본 멋진 배우들의 모습이나 은행이나 미용실의 럭셔리 잡지에서 본 화보들이 전부였다. 그래서인지 그 팀장님의 크루즈 여행담은 나에게는 무척이나 놀라움을 안겨주었다. 새로운 것에 대한 호기심이 많은 나는 그때 그 이야기들을 들으면서 나도 저런 경험을 꼭 해보리라 마음먹었던가 보다. 나의 버킷리스트에 언젠가는 가겠지 하며 '크루즈 여행 하기'를 적어둔 걸 보면, '언젠간 나도 돈 많이 벌어 부모님을 모시고 가족들과 함께 가야지' 하는 마음이었던 것 같다.

내 책 《왜 불편한 관계는 반복될까?》에도 쓰여 있지만, 나는 시간 부자로 살고 싶다. 너무너무 시간이 풍부한 부자가 되고 싶다. 왜냐하면, 젊을 때는 시간은 많은데 돈이 없어 뭘 못 했던 순간이 많았고, 돈이 좀 있다 싶을 때는 시간을 낼 수 없어서 뭘 하지 못했던 순간이 많았기 때문이다. 참으로 인생이 그렇게 계속 아이러니하게 굴러간다면 어쩌지 하는 마음도 들었다.

나는 경험해보고 싶은 것도, 가보고 싶은 곳도 많다. 그래서 돈을 늘리는 데 내 온 시간을 들이기보다 나를 위해 시간을 쓰기로 했다. 그렇게 내가 하고 싶고, 되고 싶고, 갖고 싶은 것에 집중하면서 살고 싶었다. 아니, 지금 나는 그렇게 살고 있다.

오늘 아침 월리스 와틀스(Wallace Wattles)의 《부의 비밀》이라는 책을 읽다가 한 문구에서 딱 멈췄다. 바로 책 187페이지에 있는 '갖고 싶고, 하고 싶고, 되고 싶은 바를 마음속에서 명확하고 분명하게 그려야 한다'라는 문구였다. 나는 가만히 내 마음속으로 들어갔다. 마음 공부를 오래 해온 상담전문가다 보니, 뭔가 책을 읽다가 가슴을 두드리는 문구가 있으면 이렇게 한참 동안 그 자리에 머물게 된다.

나는 가만히 나에게 질문해봤다.

나는 무엇을 하고 싶은가?
나는 무엇이 되고 싶은가?
나는 무엇을 갖고 싶은가?

마음속에 머물며 떠오르는 대로 하나씩 나의 작은 노트에 마구 적어 내려갔다. 나는 깜박깜박 잘 잊어버려서 이렇게 순간순간 적어두어야 오래 기억할 수 있다. 또한, 막 생각이 떠오를 때 꾸미지 않은 날것 상태 그대로 적힌 단어를 보며 그 순간의 내 마음도 알고 싶었다.

첫 번째로 '나는 무엇을 하고 싶은가?'라는 질문에 대한 나의 대답을 들여다보면, 나는 여행하고 싶고, 그림 그리고 싶고, 춤추고 싶고… 등등 여러 갈래다. 그중 이렇게 글을 쓰며 내 이야기를 하는 것, 내가 생각하고 느낀 것들을 글로 남기는 것이 내가 하고 싶은 일이다.

예전에는 나의 아들딸이 나 죽고 나서 엄마의 삶을, 엄마를 좀 더 이해해주었으면 하는 마음에서 글을 쓰고 싶었었다. 그런데 이제는 꼭 자식들이 나를 기억해주었으면 하는 그런 목적의식은 아주 옅어졌다. 그저 그들이 원하면 그리할 것이고, 원하지 않으면 굳이 그리하지 않아도 된다는 마음이기 때문이다.

이제는 가족이 또는 친구가 꼭 나를 기억해주었으면 하는 바람은 없다. 그보다는 누군가에게 나의 선한 마음이 가닿았으면 좋겠다. 나의 경험과 생각과 느낌이 위로와 공감을 주어 읽는 이가 힐링을 느꼈으면 좋겠다. 또한, 재미까지 준다면 나는 그것으로 만족할 것이다. 직접 알 수 없고, 만날 수 없는 그 누군가의 마음에 그렇게 가닿을 수 있다면 얼마나 행복한 교감일 텐가, 소통일 텐가. 이 지구 별에서 그런 교감을 나눌 수 있다는 것만으로도 나는 행복한 사람일 것이다.

두 번째로 '나는 무엇이 되고 싶은가?'라는 질문을 이어서 해보면, 나는 삶을 이야기하는 강연가가 되고 싶고, 더불어 명상가가 되고 싶고, 마음의 고통으로 아직 자기 내면의 빛을 보지 못하고 있는 사람들의 안내자가 되고 싶다고 대답하겠다.

그래서 사람들이 저마다 자신의 빛으로 이 세상을 아름답고 조화롭게 만들며 살아갔으면 좋겠다. 자기 자신을 계발하고 발견하는 게 인류에게 선한 영향력을 주는 것이라는 영성학자들의 말을 빌리지 않더라도 말이다. 사람들이 저마다 자신이 빛이고 사랑임을 알기를 바란다. 자신의 존재 그대로 사랑이고, 빛이라는 것을 말이다. 너무 큰 소망일까?

이 길은 도무지 찾아지리라 여겨지지 않을 만큼 나도 힘들었다. 그러다 그 깜깜한 동굴 같은 좌절과 낙담의 길을 지나오니 빛이 보였다. 나는 내가 찾은 그 길을 다른 사람들에게도 알려주고 싶다. 그들이 동굴 속에서 얼마나 힘들게 헤매고 있을지 알기에.

세 번째로 '나는 무엇을 갖고 싶은가?'라는 질문엔 이렇게 대답해주고 싶다. 캠핑할 수 있는 내 차를 가졌으면 좋겠다고. 모델명과 색깔까지 이미 마음속으로 정해 두고 그것을 가질 날을 상상한다. 그 캠핑카로 나는 마음이 내키는 대로 어디로든 떠나 나만의 여행을 즐길 것이다. 때로는 화려하고, 때로는 아주 소박하게. 그 어떤 것이든 자유로운 나는 마음이 끌리는 대로 떠날 것이다. 그래서 커피 쿠폰 사은품으로 캠핑 의자, 작은 접이식 테이블, 초록 아이스박스, 하늘색 램프까지 모아 오고 있다. 한 3년째 모아 오고 있는데 모으는 재미가 쏠쏠하다.

아무 때나 떠나고 아무 곳에나 잠깐씩 머물며 자연을 감상하고 차를 한잔하리라. 나는 그렇게 자연과 친구처럼 대화하고 교감할 것이다. 매 순간 자연 속에 머물며. 나는 이렇게 자유롭게 여행 다니며 자연을 벗 삼아 살고 싶다.

2023년 4월 캐나다에 여행 가서 개스타운으로 이어지는 지하철역에 내렸을 때다. '캐나다 플레이스테이션'이라고 쓰여 있는 빌딩 앞에 바다가 펼쳐져 있었고, 그곳에는 아주 큰 크루즈가 정박해 있었다. 기항지였는지 사람들이 작은 여행 캐리어를 크루즈 밖으로 끌고 나오면서 그 바다 앞 캐나다 빌딩을 배경으로 사진을 찍었다.

나는 그 커다란 크루즈를 보면서 '마음에는 저 배를 타고 여행 외야겠다'라고 다짐했다. 나도 모르게 너무나 확신에 차서 말이다. 그 순간 마음으로 찍은 것 같다. 그 배 사진을 말이다. 나는 그렇게 나의 버킷리스트를 직감적이며, 직관적으로 업데이트해 간다. 사진 찍듯이 그 순간을 적는 거다. 마음으로.

나의 버킷리스트,
크루즈 여행을 가다

나는 여행을 좋아한다. 대학교 때 배낭 메고 책 한 권 들고 유럽을 여행했을 만큼 여행에 대해서는 겁이 없다. 아니, 시간만 된다면 여건만 된다면 여행을 더 자주 더 길게 하고 싶은 마음이다.

여행에 대한 이런 마음은 결혼하고 신혼여행을 양가 부모님들과 함께 호주로 갔을 만큼 유별났다. 상견례에서 만난 양가 부모님은 서로 말씀이 잘 통하셨고, 모두 자신들의 시부모님을 모시고 사느라 해외여행 한번 다녀오시지 못한 점도 같았다. 그래서 총 6명의 가족이 단독 여행 코스를 택해 정말 가고 싶은 곳을 편안하게 한 분의 가이드와 다녔다.

그때 그 가이드분이 제보했는지 〈웨딩21〉이라는 잡지에 우리 가족 여행기가 실렸고, 기자가 집으로 인터뷰하러 오기도 했었다. 그때는 그런 일이 이색적이었던가. 지금은 20년도 훨씬 넘은 옛날이야기가 됐지만 말이다.

그때 호주의 브리즈번에서, 그 한가로운 해변에서 서핑하는 사람들을 보며 산언덕 벤치에 앉아 사진을 찍었다. 그 사진은 아직도 부모님 집 큰 액자 속에 남아 있다. 다른 세상에 가 있는 느낌을 주는 사진이다.

그때 그 순간 아버지가 연신 웃음 지으며 "저기 저 사람들 보세요. 어쩜 춥지도 않은가 봐요"라고 말씀하시던 모습이 떠오른다. 대가족 장남 역할만 충실히 해오신 아버지에게는 그 여행이 생애 첫 해외여행이었다. 시아버님과는 그 여행이 처음이자 마지막 여행이 됐다. 시어머니께서는 상중에 "그때 그 여행을 함께 다녀와서 얼마나 다행인지 모른다. 아무리 생각해도 두고두고 고맙다"라고 하시며 우셨다. 나도 그리했던 게 천만다행이었다고 생각했다. 여행 순간순간 함께했던 우리의 가슴속에는 그때의 추억이 장면마다 이야기와 함께 남아 있기 때문이다.

그 여행을 다녀오고 나서 전원생활을 하시기 위해 시골로 귀향하신 부모님 집에는 한동안 마당에 금잔디가 깔렸었다. 참 아름다웠던 호주 주택들의 잔디마당과 꽃들이 부모님에게 좋아 보인 모양이었다. 여행에서 돌아온 후 시골 마당에 잔디를 깔고 마당 주변 언덕에는 다양한 꽃들을 심으셨으니 말이다.

여행은 이렇게 삶에 변화를 가져다준다. 여행하는 이의 생각의 폭을 넓혀 주고, 느낌을 풍부하게 해준다. 그때 부모님들께서 좋아하시던 모습의 잔상이 남아 그 이후로도 다양한 여행을 계획하고 시도했다.

그런데 몇 년 전부터 친정아버지가 여권을 없애라고 하시는 것이었다. 비행기를 오래 타는 여행은 이제 가고 싶지 않으시다면서 말이다. 그 말을 듣는 순간 나는 '아직 멀었는데, 여행 갈 곳이 많은데, 돈을 더 모아 더 좋은 곳에 함께 가야 할 텐데' 하는 조바심이 일었다. 아이들도 커가는 데다 다 같이 가려면 늘 경제적인 부분을 생각 안 하려야 안 할 수 없었기 때문이다.

그러던 참에 멤버십에 가입해 쉽고 저렴하게 크루즈 여행을 갈 수 있다는 정보를 얻게 됐다. 그때 너무 기뻤다. 지금 부모님과 가족들은 다음 해에 다 함께 크루즈 여행을 갈 수 있으리라 기대하며 꿈에 부풀어 있다. 어머니에게 다음 해에 크루즈 여행을 가려고 지금부터 준비하려 한다고 하니, 너무 좋아하고 기뻐하셨다. 이렇게 계속 함께 여행 다니며 같이 기뻐할 수 있으면 좋겠다. 인생을 살며 뭐 그리 큰 바람이 있으랴. 이렇게 가족들과 행복을 나누는 게 인생이라는 생각이 든다.

내가 이렇게 크루즈 여행을 선호하는 이유가 있다. 비록 지금은 비행기를 타고 모항지에 가서 크루즈를 타야 하지만, 우리나라도 크루즈가 출발하는 모항지를 갖출 날이 곧 올 것이기 때문이다. 인천항, 속초항, 목포항, 부산항에서 크루즈가 출발한다면 더욱 편리하게 부모님을 모시고 여행하는 게 가능할 테니 말이다. 그래서 더욱 빨리 우리나라에도 크루즈가 출발하는 모항지가 마련되기를 기대하고 있다.

한편, 내가 크루즈 여행을 꼭 해야겠다고 다짐한 순간이 있었다. 2023년 4월, 캐나다 여행 시 봤던 크루즈를 콕 찍어 마음속에 담아두었던 때다.

당시 캐나다 코퀴틀람에서 사는 윤선 언니 덕분에 공기 좋은 산언덕의 좋은 저택에 머물면서 다양한 곳을 천천히 여행했었다. 아들이 초등학교 1학년일 때 만난 같은 반 친구의 엄마인데, 그때부터 쭉 인연을 이어오며 해외와 한국에서 만남을 지속하고 있다.

언니의 남편이 호주 퍼스 주재원으로 있을 때는 세 집의 엄마와 아이들이 다 같이 호주에도 여행을 갔었다. 총 8명이 가서 잠깐이지만 그곳 생활을 누리다 왔다. 가까운 곳은 지하철로 이동하고 먼 곳은 렌터카를 이용하는 등 다양한 경험을 했다. 지금은 아이들이 모두 대학생이 된 데다 각자의 생활이 있는 상황이다. 그러다 보니 이제는 엄마들 4명이 친구로 남아 이렇게 여행을 다니고 있다.

만나면 늘 충동적으로 여행 계획을 잡고, 또 그 약속을 지키기 위해 바로 비행기 표를 예매한다. 그러면 또 다 일하는 엄마들인데도 일정을 맞추어 낸다. 이번 캐나다 여행도 그렇게 가게 됐다. 나 혼자였으면 아마 못 갔을 것이다. 이것저것 고려하다 보면 비행기를 오래 타는 장거리 여행은 늘 뒤로 미루어졌기 때문이다.

그런데 윤선 언니가 건강검진차 한국을 방문한 게 우리를 모이게 한 계기가 됐고, 그날 바로 캐나다 여행이 계획됐다. 이번에도 우리는 매인 코퀴틀람에서 맛난 샐러드를 먹고 커피를 내려 마시곤 캐나다의 그때 그 자연을 체험하기 위해 트레킹에 나섰다. 스탠리파크 다리 위에서 다음 해에는 어디를 함께 갈까 이야기하기도 하고, 골든 이어즈의 폭포를 보면서 위대한 캐나다 대자연을 감상하기도 했다.

매일 다른 숲속을 트레킹 했는데도 저마다 다르게 아름다웠고 신비롭

기까지 했다. 전봇대 같은 나무들이 만들어내는 숲속 풍광은 말로 표현하기 어려울 정도로 장관이었다. 그렇게 다양한 숲만 다니던 우리는 어느 날 시내로 나가기로 했다.

도심에 가면 증기 시계가 있다고 했다. 시간마다 알람이 울리면서 증기가 나와 관광지로 유명해졌다고 했다. 이왕 캐나다에 왔으니 한번 가보자고 했다. 우리가 시내로 나가는 전철을 타고 개스타운으로 가는 지하철역에 내렸을 때다. 전철이라곤 하지만 내가 탄 구역은 한 번도 지하로 내려간 적이 없었다.

우리가 내린 역은 '캐나다 플레이스테이션'이라고 쓰여 있는 빌딩으로 앞쪽에 바다가 펼쳐져 있었다. 그리고 그 앞에는 아주 큰 크루즈가 정박해 있었다. 기항지였는지 사람들이 작은 여행 캐리어를 크루즈 밖으로 나오면서 그 바다 앞 캐나다 빌딩을 배경으로 사진을 찍었다.

나는 그 커다란 크루즈를 보면서 '다음에는 저 배를 타고 여행을 오리라' 다짐했다. 나도 모르게 확신에 차서 말이다. 일단 내가 본 그 크루즈는 너무 커서 한눈에 다 담을 수도 없었다. 뒤도 볼 수 없었고, 먼 곳에서 앞면만 볼 수 있었다. 그렇지만 나는 그 순간 마음으로 찍었던 것 같다. 그 배의 사진을 말이다. 나는 그렇게 나의 버킷리스트를 직관적이며, 직감적으로 업데이트했다. 마치 사진 찍듯이 그 순간을 가슴속에 새긴 것이다. 나는 꼭 저것을 탈 것이라고 말이다.

한국으로 돌아와 나는 그때의 그 꿈을 이루기 위해 크루즈 멤버십에 가입했다. 그러고는 2023년 11월에 미국 바하마 카리브해 크루즈를 타고 여행을 다녀왔다.

나는 더 빨리 크루즈 여행을 하고 싶었지만, 《왜 불편한 관계는 반복될까?》라는 책의 집필과 출간을 앞두고 있어 바로 떠날 수는 없었다. 그래서 미리 예약해두었던 미국 크루즈 여행을 책 출간 후 떠나게 됐었다.

책을 출간하고 바쁜 일정을 소화하면서도 나는 먼저 예약해둔 그 크루즈 여행을 생각하며 설레고 들뜨는 마음을 감출 수 없었다. 그것은 나에게 주는 책 출간 선물이기도 했다.

책이 출간되자마자 베스트셀러에 진입한 것도 감사하고 행복한 일이었다. 게다가 이어진 크루즈 여행은 나에게 즐거움을 배로 느끼게 해주었다.

이번 크루즈 여행은 미국까지 비행기를 타고 가서 로스앤젤레스에서 크루즈를 타는 일정이었다. 이렇게 빨리 크루즈 여행을 가리라고는 생각지도 못했었는데 이게 새삼 행운이 아닌가 싶었다. 나에게는 우연처럼 느껴지지도 않는 일이었다.

내가 마음으로 찍은 사진과 소망이 어우러지며 우주로 퍼져 나간 게 틀림없었다. 아니면 캠프의 요정처럼 나를 지키는 수호천사가 내 소망을 들어주었던가. 나의 버킷리스트는 그렇게 하나씩 지워져 가고 있다. 그럴 때마다 내 가슴속에서는 새로운 경험과 감동으로 인한 감사의 마음이 절로 생겨난다. 일상이 감사고 축복이다.

남수빈

친정엄마 모시고
크루즈 여행 가기

"엄마, 우리 같이 해외여행 갈까?"

"아이고, 됐다. 뭐 하러 그 먼 데까지 귀찮게…. 그리고 나는 친구들하고 가는 게 더 재미있어! 괜찮아."

이렇게 여행을 제안이라도 할라치면 엄마는 차라리 용돈을 보내지, 여행은 됐다며 손사래를 치셨다. 나는 그런 엄마가 진짜 여행을 별로 안 좋아하시는 줄 알았다. 그래서 엄마와의 여행은 조금 미루어 두었다. 반면 추억을 하나라도 더 쌓겠다는 명분으로 내 아이들과는 틈만 나면 가방을 싸서 여행을 떠났다. 여행이 귀찮다는 엄마의 말을 곧이곧대로 믿어서 일어난 불상사였다. 그렇게 나는 꽤 긴 시간 동안 엄마의 딸 노릇보다 내 자식의 부모 노릇에 더 열중했다.

엄마와의 해외여행은 13년 전쯤 여동생과 나, 우리 아이 둘, 그리고 엄마, 이렇게 5명이 함께 간 사이판 여행이 유일했다. 그 당시 남편은 짧은 여름 휴가 기간 외에는 일을 쉴 수 없었다. 아이들도 너무 어렸던 터라 나 혼자서는 도저히 여행 갈 엄두가 나지 않았다. 그런데 친정붙이들하고 가면 아이들을 맡기고, 나는 태평양 바다 위에서 자유를 누릴 수 있을 것 같았다. 묘수가 떠오른 듯 내 입은 귀밑까지 찢어졌다.

　그런 기대감을 안고 여동생과 나는 엄마를 꾀었다. 친정엄마를 위한 여행이라기보다는 나의 이기심이 뚝뚝 떨어지는 여행이었다. 비용은 여동생과 내가 나눠 내기로 했다. 아무리 어린아이들이라도 우리 식구가 더 많으니 내가 조금 더 부담하기로 했다.

　당시 나나 여동생이나 형편이 좋지는 않았다. 다행스럽게도 저가 항공사가 생겨나기 시작하면서 항공권 비용이 확 줄어들었다. 비수기 해외여행을 결심하게 된 큰 이유였다. 숙소 비용을 아끼려고 남들 다 가는 PIC 리조트가 아닌, 한국인 호스트가 운영하는 저렴한 사이판 주택을 선택했다. 엄마를 모시고 가면서도 어차피 아이들에게는 바다만 있으면 된다고 합리화하면서 말이다. 군 복무 중이던 막내 남동생을 제외한 친정붙이들과의 첫 해외여행은 그렇게 시작됐다.

　뜨거운 적도의 나라 사이판! 기대했던 만큼이나 푸르른 하늘과 바다가 사방에 펼쳐져 있었다. 그런 데다 친정엄마 덕분에 누리게 될 타국에서의 자유시간을 기대하며 기분은 최고조에 달했다. 낮에는 아이들과 바다에서 놀고, 밤이 되면 여동생과 사이판의 밤을 즐기러 나섰다. 아이들을 엄마에게 맡긴 채.

해외의 밤거리는 언제나 기분을 들뜨게 했다. 거의 매일 밤 동생과 맥주잔을 기울이는 재미에 시간 가는 줄 몰랐다. 엄마에게 미안함을 느끼면서도 "괜찮다. 나갔다 와라"라고 하시는 엄마 말을 넙죽 받아들였다.

그러다 하루는 미안한 마음을 달래려 엄마를 모시고 사이판의 주요 관광지를 둘러보게 됐다. 나와 여동생은 사실 관광지 탐방에는 별로 관심이 없었다. 해외여행이 처음인 엄마를 위해 억지로 만든 일정이었다. 우리는 모든 코스를 빠르게 빠르게 스치듯 거쳤다. 날씨가 더워서 밖에 오래 있기 힘든 만큼 엄마도 우리와 같은 속도로 관광지 구경을 마쳤다.

그렇게 무더위 속 관광을 모두 끝내고 저녁을 먹을 때였다. 내가 아이들 때문에 한눈팔 수 없는 만큼, 어딜 가든 여동생이 일 처리를 떠맡는 편이었다. 여동생은 뭐든 빠른 편이기도 했다. 이날도 저녁 메뉴 정하기, 주문하기, 서빙하기, 엄마 시중들기까지 동생이 도맡아 하게 됐다.

그렇게 일 처리를 도맡아 하던 동생이 밥도 먹기 전에 터져버렸다. 혼자 왔다 갔다 하며 땀을 빼는 것도, 혼자 결정하고 이끄는 것도 무척 힘들었던 모양이다. 나는 그런 동생의 모습이 보기 싫어 동생을 향해 뭐라 하고…, 그러는 딸들 사이에서 엄마는 불편해하고…, 아이들은 지쳐서 칭얼거리고…. 정말 엉망진창인 저녁 식사를 하게 됐다.

더군다나 여동생과 나는 여행지에서 한식당은 거의 가지 않는 편이다. 현지 음식점에서 현지 음식 먹는 것을 더 좋아한다. 그런데 엄마가 굳이 한식을 드시겠다고 했다. 그 바람에 조금 비싼 한식집을 찾아온 참이었다. 그것부터 우리는 못마땅했고, 어느 한 사람도 만족하지 못한 식사를 하고 숙소로 돌아왔다.

지금에서야 별것 아니었던 일로 치부하기도 하지만, 그때 서로를 할퀴며 생긴 마음속 생채기는 글로 표현하기 어려울 정도다.

우리 친정붙이들은 오래전부터 서로 떨어져 지냈다. 그래서인지 모이면 꼭 마찰이 생겼다. 누구 하나 이해심을 갖고 먼저 감싸주지 않았다. 그런 지독한 상황에 자주 맞닥뜨렸다. 돌아서면 그러지 말아야지, 하면서도 막상 그런 상황에 맞닥뜨리면 모두 다 활화산처럼 폭발하고 말았다.

안 그래도 무뚝뚝한 경상도 여자 셋은 저녁 식사 이후 더 어색하게 사이판 여행의 마침표를 찍었다. 원래도 살가운 표현을 거의 안 하던 사이가 깨진 도자기 조각처럼 어긋나버렸다. 이렇게 친정붙이들과의 사이판 여행은 무늬만 여행인 여행이 되어버렸다. 엄마에게는 여행시간 대부분을 손주 육아에 바치고도 딸자식에게서 상처만 받은, 그래서 앙금만 남은 끔찍한 여행이 되고 말았다.

엄마는 그 사이판 여행을 기억에서 떨쳐버리지 못하신다. 꼭 그 일 때문이라고는 하시지 않지만, 그 뒤부터 해외여행은 싫다고 하신다. 13년이 지난 지금까지도.

3년 전 어느 봄날, 막내 남동생이 대뜸 서해로 놀러 가자고 했다. 친정 식구들과 다 같이 지낼 수 있는, 수영장이 딸린 펜션을 예약했다면서. 남동생 말이라면 늘 마다하지 않는 엄마는 쓰라린 추억이 있음에도 남동생의 여행 제안을 흔쾌히 받아들이셨다. 남동생 덕분에 우리는 친정붙이 모두 함께하는 첫 가족 여행을 가게 됐다. 사이판 여행 이후 나와 여동생은 엄마와 함께 단 한 번도 여행을 가지 않았었다. 다행스럽게도 남동생 덕분에 만회할 기회가 생긴 셈이었다. 내 나이 마흔 중반에 말이다.

좀 더 자세히 남동생이 풀어놓는 이야기를 들어보니, 친구가 펜션을 오픈했다고 했다. 그래서 매상 좀 올려줄 겸 여행을 계획하게 됐다고 했다. 여행 비용은 모두 남동생이 부담했다. 나와 달리 경제적으로 빨리 독립한 남동생이 기특하기만 했다. 무엇이든 큰돈이 들어가는 일 처리는 남동생 몫이었다. 경제적으로도, 정신적으로도 남동생은 엄마의 든든한 대들보였다.

엄마는 남동생의 멋진 스포츠카를 타고 서해 펜션으로 오셨다. 우리는 남동생이 미리 준비해놓은, 각종 해산물과 고기로 차려진 푸짐한 한 상을 대접받았다. 밤에는 모닥불을 피우고 이런저런 마음속 이야기를 주고받은, 잊지 못할 시간도 가졌다. 보통의 가족이 연출하는 소소한 풍경 속에서 특히 엄마가 너무 행복해하셨다. 막내아들을 남편처럼, 친구처럼 의지하고 사시는 엄마인데, 이렇게 함께 여행을 왔으니 얼마나 행복하셨을까.

그날 밤 모닥불 앞에서 우린 묵은 마음의 상처를 완전히 치유할 수 있었다. 1박 2일의 짧은 여행이었지만, 우리 식구들에게 이날은 평생 간직하고 곱씹는 아름다운 추억으로 남게 됐다. 남동생 덕분에 엄마는 가족 여행에 마음을 활짝 여셨다. 다 같이 여행을 자주 다니자고까지 하시면서.

그러나 마음과는 달리 바쁘다는 핑계로 가족이 다 함께하는 여행은 자주 하지 못했다. 그러던 우리에게 얼마 전 청천벽력과 같은 일이 일어났다.

여행으로 우리를 다시 대동단결하게 해주었던 기특한 남동생. 엄마와 누나들의 사랑을 듬뿍 받던 우리 집 막내이자, 엄마에게는 세상의 중심이었던 남동생. 그 남동생이 너무나 급작스럽게 하늘나라로 떠난 것이다. 갑작스럽게 닥친 일이었다. 순식간에 벌어진 일이었다.

남동생은 젊은 나이가 무색하게 갑자기 온몸에 퍼진 염증을 끝끝내 이겨내지 못했다. 침상에 힘없이 누워 중환자실로 들어가는 남동생과 눈을 마주치며 힘내라고 손을 잡아준 게 남동생과의 마지막이었다. 응급실에 실려 간 지 3일 뒤 너무나 허망하게도 남동생은 우리 곁을 떠났다. 우리 가족은 다시는 남동생을 볼 수 없었다.

우리 가족의 상실감은 이루 말할 수 없다. 무엇보다 자식을 먼저 보낸 어미의 사무치는 심정이 어떨지 짐작된다고 누가 감히 말할 수 있을까. 그 마음을 어찌 다 헤아릴 수 있겠는가.

엄마는 남동생이 잠시 먼 곳으로 여행을 떠났다고 생각하신다. 곧 다시 만나게 될 거라고 믿으신다. 예전 사이판 일로 분노가 폭발했다면, 이번 일로 엄마에게는 슬픔이 폭발했으리라. 내게는 서해 펜션에서의 행복했던 순간에 남동생과의 마지막 순간이 늘 오버랩되곤 한다.

자식을 잃는 아픔을 겪은 후 엄마의 사고방식은 많이 달라졌다. 다 같이 한 번이라도 더 놀러 다니면서 재미있게 살자고 하신다. 이전에는 전혀 하지 않으시던 표현이다. 여행을 가자고 하면 손사래를 치시던 엄마가 이제는 가고 싶은 곳을 적극적으로 말씀하시기도 한다. 먼저 여행을 가자고, 어디든 편하게 다녀오자고 하시면서.

내가 늘 짠 내 나게 여행하는 것을 아시는 엄마는 "이제는 돈 걱정하지 말자. 그저 같이 행복하기만 하자"라고 말씀하신다. 일 벌이길 좋아하는 나에게 제발 몸 바쁘게 사는 것은 그만두면 안 되겠느냐고까지 당부하신다. 같이 맛있는 거 먹고 건강하고 행복하게 사는 게 엄마의 소원이 됐다. 우리는 더욱 끈끈하게 서로를 챙기고 아껴주는 가족이 됐다.

'시간은 기다려주지 않는다.'

그동안 나는 이 공식⑦을 내 자식들에게만 크게 대입해왔다. 정작 내 생명의 근원인 친정붙이들은 영원히 곁에 있을 거라는, 근거 없는 믿음 속에 안도하며 무심히 살아왔다. 그것을 깨달은 순간, 미안함이 파도처럼 밀려왔다. 남동생이 떠난 후 절실하게 가족의 소중함을 느끼게 됐다.

이제 나는 아들 둘과의 여행도 좋지만, 친정엄마와 더 자주 여행하려 한다. 사이판 여행 때와 달리 엄마는 어느덧 나이 든 할머니가 됐다. 의욕과는 달리 일흔이 넘은 나이 탓에 어디를 가더라도 쉽게 지치신다. 걷는 것을 좋아하시던 엄마지만, 이제는 짧은 거리를 걷는 것도 부쩍 힘들어하신다.

그런 엄마를 위해 오랜 고심 끝에 초호화 크루즈 여행을 준비하게 됐다. 그동안 나도 크루즈 여행은 한 번도 해보지 못했다. 막연히 거리감만 느끼던 여행이었다.

게다가 크루즈 여행에 대한 정보가 전혀 없던 터였다. 무조건 큰돈이 들어가리라 여기며 여행 목록에서 배제해왔다. 그러던 중 다행스럽게 호화로운 크루즈 여행을 저렴하게, 자주 가는 방법을 알게 됐다. '구하면 주리라'라는 《성경》 구절이 꼭 들어맞는 경험을 또 한 차례 하게 됐다.

엄마에게 크루즈 여행 계획을 말씀드리니 너무나 반기며 좋아하신다. 마치 기다렸다는 듯이, "그래, 제발 좀 가자!"라고 하신다. 이렇게까지 좋아하실 줄은 상상도 못 했다. 벌써 들떠버린 엄마는 여행 가는 날만 손꼽고 계신다. 나 또한 요즘 어디로 크루즈 여행을 갈지 행복한 고민을 하며, 기대 반 설렘 반으로 엄마와 통화하고 있다.

태양 빛에 부서지는 바다를 보고 바람을 느끼며 여동생과 엄마와 크루즈 발코니에서 와인 잔을 기울이는 상상을 하곤 한다. 다시 모여 서로의 이야기를 풀어놓을 날을 상상하니, 가능한 한 빨리, 많이 떠나고 싶어진다. 남동생과 함께했던 서해 펜션의 모닥불 앞 우리처럼, 다시 여행을 떠나 행복하게 뭉칠 날을 손꼽아 기다리고 있다.

"엄마, 우리 크루즈 여행 떠나요!"

이제 고생 끝!
크루즈로 우아하게 여행하자

코로나가 집어삼킨 세월이 무려 3년이 넘는다. 전대미문의 이 전염병 때문에 우리는 모두 여행을 강제 종료 당했다. 그사이 나의 여행 메이트인 두 아들은 사춘기에 접어들었다. 그러다 코로나가 끝날 무렵, 우리는 쾌재를 부르며 태국으로 여행을 떠났다. 거의 5년 만에 떠나온 해외여행인 만큼 우리 가족은 너무나 행복해했다. 아이들은 여전히 물을 사랑했고, 이제는 엄마의 식사 준비도, 체크인도 돕는 등 동행인으로서의 제 몫을 해냈다.

코로나 전만 해도 바리바리 챙겨야 했던 온갖 물놀이용품이 필요 없어질 만큼 아이들은 컸다. 엄마 손을 놓칠세라 신경을 곤두세우지 않아도 될 청소년으로 훌쩍 자랐다. 이러한 시간의 간극을 오랜만의 여행에서, 생각지도 못한 순간에, 받아들이려 하니 만감이 교차했다. 갑작스러운 변화에 타임머신을 타고 온 기분이었다.

부모와의 시간이 전부였던 아이들은 이제 자신들만의 시간도 소중하게 여기는 하나의 인격체로 성장하고 있었다. 나는 낯선 땅에서 가볍지 않은 그런 사실을 알아채버린 것이다.

가만히 되짚어보니 모든 여행을 아이들과 함께 다녔다. 아이를 낳고 기르면서 나의 힐링보다는 아이들의 기쁨이 우선이었다. 모든 것이 아이들에게 초점이 맞춰져 있었다. 아이들의 즐거움이 곧 나의 기쁨이고 행복이었다. 그런 나에게 태국 여행은 이제 엄마이기도 하지만, 여자이기도 한 나 자신을 위한 여행을 떠날 때가 왔다는 내면의 소리를 듣는 계기가 됐다. 엄마인 내가 여행이라는 주제를 두고 이제는 홀로서기를 해야 할 때가 됐음을 느꼈던 태국 여행. '그래. 이제는 나를 위한 여행을 떠나보는 거다'라고 마음먹게 해준 여행이었다.

태국 여행 이후 베스트셀러 작가이자 나의 투자 길잡이인 주이슬 대표님이 내게 책 한 권을 선물로 주셨다. 바로 《나는 100만 원으로 크루즈 여행 간다》라는 책이었다. 나는 여행 에세이를 집필 중인 여행 작가임에도 크루즈 여행에 대해선 거의 관심을 기울이지 않았다. 정보 또한 많지 않았다. 나뿐만 아니라 많은 사람이 크루즈 여행은 나이와 시간, 돈이 많은 사람이 가는 여행이라고 생각하는 것 같다. 책을 받아 들 때는 그저 '크루즈 여행? 엄마 모시고 효도 여행 한번 가볼까?' 정도로만 생각했었다.

주로 항공료가 저렴한 비수기에 아이들과 짠 내 나는 여행을 해왔던 나다. 그런데 100만 원으로 크루즈 여행을 갈 수 있다고? 짠 내 여행과는 정반대로 호화로운 여행의 대명사인 크루즈 여행을 정말로 그렇게 저렴하게 갈 수 있다는 거야? 평소의 나답지 않게 크루즈 여행에 대해 몹시 궁금증이 일었다. 나는 선물 받은 책을 단숨에 읽어 내려갔다. 마지막 책장을 덮을 즈음에는 원하는 답도 찾을 수 있었다. 신세계를 만난 기분이었다. 정보력의 차이가 이렇게 여행에까지 영향을 미칠 줄이야!

한 권의 책 덕분에 나는 그동안 내가 해오던 여행 스타일과 정반대되는 여행을 꿈꾸게 됐다. 그야말로 힐링다운 힐링이 가능한 해외여행의 꽃, 크루즈 여행. 왜 이제야 내 앞에 나타난 거니?

그동안 우리 가족은 패키지 여행보다는 자유 여행을 선호했다. 그래서 아이들과 해외로 가족 여행을 가려면 기본적으로 고생할 각오를 다져야 했다. 여기에 4인 가족의 항공권부터 숙박, 현지 일정까지 모든 예약 또한 나의 몫이었다.

예전에는 자유 여행을 준비하는 이런 과정들이 고되게 느껴지지 않았다. 여행 경비도 아끼면서 가족끼리 자유롭고 편안하게 지낼 수 있었기 때문이다. 짠 내 정신을 바탕으로 한 이런 해외여행을 아이들이 어렸을 때부터 죽기차게 다녔다. 그렇게 여행한 나라가 10개국 정도 된다. 아이들과 평생 가져갈 좋은 추억을 쌓을 수 있는 여행은 우리 가족에겐 너무나 소중한 이벤트였다.

짠 내 여행의 정점은 작은아이가 여섯 살 무렵 시댁 식구들과 같이 떠났던 유럽 여행이다. 8년 전쯤의 일이다. 할아버지, 손주까지 3대 10명이 함께 유럽 자유 여행을 경험했다. 지금 생각해보면 참 단순 무식했던 여행이었다. 어린이부터 노인까지 모든 일정을 함께하면서 패키지 여행 이상으로 빡빡한 일정을 소화했다. 덕분에 많은 곳을 돌아봤고, 다양한 경험을 할 수 있었다. 지금 다시 그때처럼 여행해보라면, 고백하건대 심각하게 고민해야 할 것 같지만 말이다.

만약 그때 크루즈 여행에 대한 정보를 얻을 수 있었더라면, 우리의 여행 풍경은 어땠을까? 여섯 살 현동이, 네 살 지아, 일흔을 앞둔 시아버님, 모두에게 좀 더 편안한 여행이 되지 않았을까? 지저분하고 좁은 영국의 에어비앤비 숙소에서 10명이 불편하게 잘 필요도 없었을 테니. 고되고 지친 몸으로 준비하기 힘들어, 아침을 대충 때우는 일도 없었을 테니.

대신 눈부시게 빛나는 태양과 부서지는 파도가 반겨주는 발코니에서 고급 조식을 먹으며 여유롭게 카메라 셔터를 눌러댔겠지. 원하는 나라를 따로 투어하기도 하고, 크루즈 안에서 각자 원하는 스타일로 프로그램을 즐겼겠지.

크루즈 여행은 남녀노소 모두 즐기기에 더없이 훌륭한 여행 문화체험임이 틀림없다. 이렇듯 《나는 100만 원으로 크루즈 여행 간다》라는 책을 펼치기 전과 후의 내 생각은 완전히 바뀌었다. 미리 크루즈 여행을 계획하고 준비했다면, 유럽 여행 때보다 적은 비용으로 편안한 여행을 할 수 있었으리라. 책을 읽고 난 후 내가 알게 된 여행의 한 단면이었다.

'알고자 하면 보일 것이요, 얻고자 하면 얻을 것이라' 했던가. 친정엄마를 모시고 떠나기 전 미리 크루즈 여행을 경험해보고 싶었다. 친정엄마와 최고의 날들을 보내기 위해 나름의 여행 준비를 하고 싶었다. 또한, 혼자만의 여행을 서둘러 해보고 싶은 마음이 굴뚝같았다. 책을 받아 들 때만 해도 100만 원이라는 비용에 의구심을 품었던 나다. 그랬던 내가 총 3번의 크루즈 여행을 예약하기에 이르렀다. 그것도 책의 저자인 권동희 작가님과 함께 말이다.

지난해 5년간에 걸쳐 열네 번의 크루즈 여행을 경험하는 그녀를 비롯해 좋아하는 작가님들과 함께 여자들만의 크루즈 여행을 계획했다. 모두가 책을 쓰는 작가여서일까. 하나같이 선상에서 노트북을 펴놓고 여유롭게 글을 쓰는 모습을 상상한다. 같은 꿈을 꾸는 사람들과 떠날 여행은, 마치 미팅을 앞둔 대학생 같은 설렘을 안겨준다. 크루즈는 어떤 모습일까, 거기에서 무얼 할까, 뭘 입고 갈까 등 그전과는 다른 호기심 세포가 나를 자극하는 여행이다.

내가 선택한 크루즈 멤버십은 가입 후 최소한 6개월에서 1년 정도는 매달 리워드를 차곡차곡 쌓아야 했다. 그래야 저렴하게 여행을 갈 수 있었다. 하지만 나는 그런 유예 기간을 두지 않고 경비를 지불해버렸다. 다행히 멤버십에 가입했다는 이유로 내가 현금 지불한 여행 경비를 리워드 포인트로 다시 적립해주는 시스템이 있었다. 소비하면서 덧없이 사라지는 게 아니라 뭔가 보상받는 것 같은 느낌에 돈을 쓰면서도 기분이 좋았다.

그런저런 과정을 거쳐 나의 첫 번째 크루즈는 카니발 파노라마(Carnival Panorama)호로 정해졌었다. 미국 로스앤젤레스 롱비치 크루즈 터미널에서 출발해 멕시코를 돌고 오는 8일간의 여정이었다. 크루즈 여행의 상징과도 같이 느껴졌던 발코니 조식을 위해 가격이 좀 나가는데도 나는 발코니룸을 선택했다. 나를 위해 떠나는 힐링 여행이었으니까. 앞으로 얼마나 자주 크루즈 여행을 떠나게 될지는 모르겠다. 하지만 가격을 뒤로하고서라도 발코니는 포기할 수 없는 부분이다. 푸르른 바다를 오감으로 느끼며 발코니에서 조식을 먹고 커피를 마시며 여유롭게 책을 읽는 내 모습이라니!

지난해 첫 번째 크루즈 여행 예약을 마치고, 중동으로 떠나는 두 번째 크루즈 여행을 예약했다. 늦어도 석 달 전에 예약을 마쳐야 하고 빠를수록 가격 면에서 유리하다고는 하나 꼭 그 이유 때문만은 아니었다. 마치 얼마 전 내 품에 들어온 한정판 보라색 지프처럼 기필코 가지고 싶었던 아이템이라고나 할까. 크루즈 여행을 한번 다녀오면 만족도가 높아 중독된다고들 한다.

중동 크루즈 여행은 아름다운 두바이에서 시작해 도하, 바레인, 아부다비 및 시르 바니 야스를 방문하는 9박 10일의 생애 첫 중동 여행이다. 발코니룸은 당연하고 모든 일정이 올인클루시브(All Inclusive)다. 온종일 나를 위해 모든 것을 누릴 생각을 하니, 기대감이 이루 말할 수 없다.

어떤 시선으로 즐기느냐에 따라 여행 후의 느낌은 천차만별이다. 분위기에 몸과 마음을 맡기고 자유를 느끼다 보면 분명 나 자신과도 많이 친해지리라. 그런 이유로 어쩌면 여행이 더욱더 좋아질지도 모르겠다.

나는 요즘 중동 MSC VIRTUOSA 크루즈를 인터넷으로 검색하며 당장 떠나고픈 마음을 달래고 있다. 디데이를 알려주는 앱도 내려받아 설치했다. 디데이까지 계산하며 기다리는 여행은 태어나서 처음이다.

가늠하기도 힘든 크기의 크루즈를 누비며 즐기려면 체력은 필수다. 그간 돈을 준다고 해도 싫다고 하던 산책을 하며 체력을 다지고 있다. 매일 만보기를 체크하면서. 몸이 건강해야 여행도 즐겁지 않겠는가.

어디 그뿐인가. 최고급 디너 타임을 즐기기 위해 피부 관리도 시작했다. 원래 내 피부는 아무 처치를 안 해도 중간 이상은 간다. 그럼에도 불구하고 한국인의 화장술로 동안 외모를 마구마구 뽐내기 위해서다. 나름 국위를 선양한다고 받아들여지려나. 이렇듯 내 여행 준비 풍경이 완전히 달라졌다.

오늘은 모니터 앞에서 화려한 드레스와 잠옷을 검색했다. 예쁘게 차려입고 공연을 보며 칵테일 잔을 들고 있는 내 모습. 마치 영화 속의 성대한 파티 장면처럼 그 모습이 선명하게 그려지기까지 한다.

생각해보면 내 인생에 대한 관점을 크게 바꾸게 된 계기는 언제나 책이었다. 크루즈 책에서 시작된, 엄마를 위한 효도 여행이 나를 크루즈 여행이라는 신세계로 이끌었다. 이는 평소 새로운 것을 좋아하는 내게 엄청난 활력을 불어넣어 주고 있다. 여행 스타일 하나가 바뀌었을 뿐인데 내 인생이 부유하고 풍요롭게 느껴진다. 크루즈가 바다 위를 순항하듯 내 인생도 그렇게 순항하리라.

중동 두바이에서 나 자신을 위한 여행을 즐기고 있을 나를 위해 축배를 든다.

"나의 중동 크루즈 여행을 위하여, 건배!"

황지혜

크루즈 여행,
당장 바로 가자!

"당신은 바다가 좋은가? 산이 좋은가?"

사람들이 가끔 물어보는 질문이다. 나는 바다도 좋고 산도 좋다. 바다
는 끝이 보이지 않는 수평선을 바라보는 게 좋다. 수평선을 보고 있으면
무한한 가능성이 무엇인지 깨닫게 되는 느낌이다. 나는 얼마나 작은 존
재인가, 또 자연은 얼마나 광활한가. 탁 트인 바다를 바라보고 있노라면
끝도 보이지 않고, 깊이도 알 수 없는 그 광활함에 마구 상상의 날개를
펴게 된다. 의도하지 않아도 그렇게 된다. 그래서 바다 멍을 때리게 되나
보다.

한편, 어릴 적 산으로 둘러싸인 시골에서 자란 나는 숲으로 싸인 공기
좋은 곳에 있노라면 정서적으로 편안함을 느낀다.

바다와 산을 사랑하지만, 나는 정작 도심의 고층 아파트에서 살았다. 대학 진학과 직장생활을 이어가기 위해 내가 원한 집이었다. 분명 생활은 편해지고 지리상 위치도 괜찮은 편이었으나, 자연과는 더 멀어졌다.

내가 사는 아파트의 작은 방에 앉아 하늘을 바라봤다. 그 하늘은 창틀에 가려지고, 창밖 너머로는 가까운 옆 동 건물에 가려져 조각나 있었다. 게다가 저 멀리 다른 아파트가 또 내 하늘을 가렸다. 대한민국, 산이 많은 우리나라 특성상 하늘은 산에 가려지기도 한다. 나는 하늘 따먹기에서 지고 있었다. 내가 눈에 담을 수 있는 하늘의 양은 얼마 되지 않았다.

하지만 바다에 가면 어떠한가. 바다 외에는 모두 하늘이다. 하늘과 맞닿은 바다, 하늘 아니면 바다, 그게 전부다. 하늘을 마음껏 보고 누릴 수 있는 곳이 바로 바다 아니던가!

유난히 바다와 하늘을 좋아하는 나지만, 크루즈 여행은 단 한 번도 생각해본 적 없었다. 자연에 대한 막연한 두려움이 있었고, 망망대해를 배 타고 여행한다니 위험하다는 생각이 나를 지배했다. 그 당시 내 주변에 크루즈를 타봤다는 사람도 없었다. 크루즈에 대해 내가 아는 거라곤 30년이 다 되어가는 영화 〈타이타닉〉밖에 없었다.

게다가 내가 가장 무서워하는 게 자연현상이다. 내가 어쩌지 못하는, 불가항력적 현상 말이다. 천둥, 번개, 해일, 홍수, 지진 그리고 인간의 편의를 위해 지은 건물, 터널, 다리 같은 건축물이 무너지는 것에 대한 두려움도 있었다.

〈한국책쓰기강사양성협회(한책협)〉를 통해 알게 된 권동희 작가님은 《나는 100만 원으로 크루즈 여행 간다》에서 나 같은 두려움을 안고 있는 사람들에게 다음과 같이 역설하고 있다.

"BBC에 따르면, 육상 교통을 이용한 여행 중 일어날 사고율은 5만 대 1, 항공기의 경우는 160만 대 1, 크루즈 여행의 경우는 625만 대 1이라고 합니다. 그나마도 항공기 사고는 일단 발생하면 거의 90%에 달하는 사망률을 보이지만, 크루즈는 사고가 나도 생존 조치를 할 수 있는 골든 타임이 훨씬 깁니다."

이 글을 읽고 나는 어떤 교통편보다 크루즈가 안전하다고 신뢰하게 됐다. 무엇보다 권 작가는 크루즈 여행을 확신에 차 권하고 있었다. 여행은 다리 떨릴 때 가는 것이 아니라 가슴 떨릴 때 가는 것이라고 말이다. 나는 그녀의 저서를 보고 나서 꼭 크루즈 여행을 해보리라 다짐하면서 내 버킷리스트에 올려놓았다. 그렇게 나는 크루즈 여행 예찬론자로 완전히 바뀌었다.

지금은 사랑하는 가족과 친구들에게 크루즈 여행을 같이 가자고 권유하고 있다. 아직 크루즈 여행 경험은 없지만, 이렇게 안전하면서 고급스럽고 가성비까지 좋은, 황홀한 여행을 마다할 이유가 없지 않은가.

크루즈 여행을 함께 가자고 권했더니, 겁 많은 친구가 내게 동영상 하나를 보내주었다. 비바람 몰아치는 어두운 날씨에 큰 파도가 치고 있는 광경을 크루즈 안에서 촬영한 짧은 영상이었다. 그 영상과 함께 친구가 나에게 보내온 문자는 "괜찮겠어?"였다.

한 번도 크루즈를 타보지 않은 그 친구 역시 바다에 대한 두려움이 있었으리라. 크루즈 여행이 안전하다고 생각했던 나 역시도 그 영상을 보곤 덜컥 겁이 났으니 말이다.

분명 크루즈를 타고 여행하다 보면 맑은 날만 있는 것은 아닐 텐데…. 태풍이라도 오면 어떻게 하지? 그런 날씨에도 배는 괜찮은가? 타이타닉 호처럼 침몰하는 것은 아닐까? 온갖 걱정이 스멀스멀 올라왔다. 그 영상을 보내준 친구도 이런 두려움 때문에 선뜻 크루즈 여행을 함께 갈 생각을 못 하는 것 같았다. 나는 그 친구에게 어떤 피드백을 해주어야 할지 한참 고민했다. 그리고 다시 생각해봤다.

예전 세상에 큰 홍수가 있었을 때 노아는 방주를 만들었다. 당시 육지란 육지는 모두 물에 잠겼으며, 몇 날 며칠 동안 비가 퍼붓고 큰 파도가 일었다. 그때도 노아의 방주는 거뜬했다. 담담히 그 상황을 이겨내고 육지에 안착했다.

그렇다면 노아의 방주 크기는 얼마만 했을까? 그 많은 동물을 싣고 그 험악한 기상을 버텨낼 수 있었으니! 그리고 현재의 크루즈 크기는 얼마만한가? 생각이 여기에 미치자 친구에게 단순히 배 크기만 비교해주어도 되지 않을까 싶었다. 그 생각은 검색으로 이어졌다. 나도 궁금한 사항이었기 때문이다.

네이버 지식백과에 따르면, 《성경》 속 노아의 방주 길이는 약 138m, 규모는 1만 5,000톤에 달했다고 한다. 더불어 나는 최신 크루즈 선박의 크기를 알아봤다. 최근 뉴스 기사에 따르면, 2024년 1월에 미국 마이애미

(Miami)에서 출항하는 크루즈 선사 로열캐리비안(Royal Caribbean)의 선박 '아이콘 오브 더 시스(Icon Of The Seas)'는 길이 365m로, 세로로 세우면 380m인 엠파이어 스테이트 빌딩(Empire State Building) 높이와 맞먹는다고 한다. 규모는 25만 톤에 달한다.

길이나 규모 면에서만 봐도 현대의 크루즈 선박은 《성경》에 나오는 노아의 방주보다 길이는 2.6배, 규모는 16배 이상 웅장해졌다.

이런 대형 크루즈는 파도와 날씨의 영향을 거의 받지 않는다. 그뿐만 아니라 지금의 선박들이 타이타닉호보다 훨씬 더 업그레이드됐음은 두말할 필요도 없으리라. 승무원과 승선자의 안전교육, 위기상황 대처능력, 여분의 보트 등 안전장치가 갖추어져 있으니까.

친구의 영상 공유로 나마저도 불안해졌는데, 이렇게 알아보자 불안감은 말끔히 해소됐다. 그리고 이전보다 더 강렬하게 크루즈 여행을 갈망하게 됐다.

무엇보다도 나의 이러한 갈망을 더 부추기는 사람들이 있다. 바로 우리 집 아이들이다. 나는 일곱 살 된 첫째 아이를 첫째 창조주, 다섯 살 된 둘째 아이를 둘째 창조주라고 부른다. 이들은 생각과 행동이 가요 분방하고 강한 신과 같다. 신이나 창조주같이 원하는 것은 지금 바로 하고자 하고 가지길 바란다. 그렇게 원하는 바를 바로 이루는 게 그들에게는 자연스럽고 당연한 진리이기 때문이다.

나 : 우리 크루즈 여행 갈 거야!

첫째 : 정말?

나 : 응. 100만 원이면 갈 수 있어! 엄청 큰 배를 탈 거야. (책을 보여주며) 이런 배야. 그 안에 수영장, 키즈 카페, 병원 다 있어. 맛있는 스테이크도 있고. 다 뷔페로 먹을 수 있어!

첫째 : 와! 빨리 가자!

둘째 : 내일 바로 가자!

나 : (당황했지만 표현하지 않고…) 배 뜨는 일정이 있어서 바로 못 가. 배까지 데려다주는 비행기 표도 필요해.

첫째 : 너무 좋다. 빨리 가고 싶어.

나는 아이들에게 크루즈 여행을 저렴하게 갈 수 있다고 이야기해주었을 뿐이다. 그런데 그 말에 첫째 창조주는 엄청 좋아했고, 나는 첫째의 그런 표정을 오랜만에 봤다. 정말 눈이 반짝반짝 빛났다. 그 옆에서 둘째 창조주는 내일 바로 가자고 거든다. 정말 사고의 틀이 말랑말랑하다. 좋은 것은 바로 하자는 나의 창조주들…. 이들은 잊을 만하면 언제 크루즈 여행을 가냐고 확인한다. 우리 집 창조주들은 우리가 곧 크루즈 여행을 간다고 알고 있다. 둘째는 주말에 물놀이하다가도, 여기서 놀고 난 후 크루즈 여행을 가자고 말한다. 나는 이들로부터 엄청난 동기부여를 받는다. 크루즈 여행뿐만 아니라 모든 면에서 말이다.

이들과 크루즈 여행을 약속한 나는 거의 매일 선박을 검색해보고 크루즈를 탄 우리 가족의 모습을 상상한다. 주변에도 다음 주면 3대가 크루즈 여행을 가는 작가님, 1년 뒤의 크루즈 여행을 예약한 작가님, 이미 일본 크루즈를 다녀오신 작가님들이 계신다.

나도 그렇지만 그들도 모두 똑같은 모습이다. 모두가 설레하며, 기쁨과 환희에 차 있고, 다음 크루즈 여행을 계획하고 있다. 한 번도 안 가본 사람은 있어도 한 번만 가본 사람은 없다는 말을 실감하는 요즘이다.

나는 여행을 좋아한다. 한 번도 해보지 않은 경험, 다양한 문화와 사람들을 만날 수 있는 여행을 동경한다. 그래서 크루즈 여행이 내게는 하나의 버킷리스트가 됐다. 이 버킷리스트는 곧 이루어질 것이고. 다음 버킷리스트는 두 번째 크루즈 여행 계획으로 업데이트될 것이다. 내게도 크루즈 여행이 임박했음을 느끼고 있다.

이제 나는 가장 저렴하고 똑똑한 방법으로 계획한 크루즈 여행을 떠나려 한다. 어느 크루즈를 탈 것인가 하는 선택만 남았다. 여기에 설레는 시간이 약간 곁들여지면, 우리 가족은 곧 크루즈에 몸을 싣고 천국을 경험하게 될 것이다. 그 경험이 얼마나 신나고 행복할지 상상도 되지 않는다. 직접 경험하는 수밖에….

첫 번째 크루즈 여행을 다녀오면 우리는 바로 두 번째 크루즈 여행을 계획할 것이다. 남편을 비롯한 우리 집 모든 가족이 함께 떠나는 여행 말이다. 내 큰 그림의 스케치는 마쳤다. 내가 준비해놓은 천국에 함께할 사람은 자신이 천국을 누릴지 말지 선택만 하면 된다.

당신의 상상 속 크루즈 여행이
현실이 되다

　당신이 여행을 계획하고 있다면 누구와 함께 가고 싶은가? 미혼의 싱글이라면, 애인이나 친한 친구 또는 자기 자신과 함께하는 여행도 나쁘지 않을 것이다. 결혼한 사람이고 아이가 있다면, 당연히 가족과 함께 크루즈 여행을 가고 싶을 것이다. 친구와 가거나 혼자 가고 싶은 사람도 있겠지만.

　나도 누구와 크루즈 여행을 가고 싶은지 생각해봤다. 가장 먼저 떠오른 사람들은 남편과 아이들이다. 그리고 남편과 나와 관련된 모든 가족이 떠올랐다. 전 인원을 세어보니 20명 남짓이었다. 나의 엄마, 남편의 엄마는 나이도 비슷하고, 남편을 먼저 보내고 홀로됐다는 것도 같다. 나는 그분들 외에 형제들과 그들의 자녀까지 모두 함께 꼭 크루즈 여행을 가리라 마음먹었다.

내 가족들과 함께 가는 여행이라면 어디든 좋겠지만, 무엇보다도 스트레스를 날려버릴 수 있어야 제일 좋을 듯하다. 음식 하나를 예로 들어보더라도 크루즈에서는 모두가 만족할 수 있는 뷔페가 제공된다. 하루 20시간 이상 제공된다는 뷔페는 우리 모두의 기호를 만족시켜 줄 것이다.

피곤하거나 쉬고 싶다면, 자신의 룸에서 쉬거나 발코니에서 하늘이나 바다를 감상할 수 있으리라. 활동적인 가족이라면 프로그램 목록을 확인한 후 자신들이 좋아하는 행사를 골라 참여하면 된다. 물놀이를 원하는 사람은 물놀이하면 그만이다. 매일 밤 공연을 볼 수도 있고, 선상에서 상영하는 영화를 볼 수도 있다. 누구와 무엇을 하든 자신이 하고 싶은 것을 하면 된다.

기항지 투어는 크루즈 여행을 통해 누릴 수 있는, 또 다른 매력적인 선물이다. 크루즈는 모항지에서 출발해 기항지에 정박하게 되는데, 이때 배에서 내려 선택한 도시를 투어할 수 있다. 혹은 크루즈에 남아 색다른 프로그램에 참여할 수도 있다.

가족과의 첫 크루즈 여행은 기항지 투어보다 선박 내에 머무르며 여행을 즐기고자 한다. 그러다 기항지 투어를 원하는 사람이 있으면 하루 전도 배에서 내려 선택한 도시를 관광하면 된다. 첫 여행으로 가까운 일본 크루즈 여행을 선택하려는 이유다.

지난해 황근화 작가님과 장주완 작가님이 MSC 크루즈 선박 Bellissima로 크루즈 여행을 하고 돌아오셨다. 모항지가 가까운 일본이어서 비행기 삯도 저렴하고, 최신 선사인 만큼 내부 인테리어나 시설도 잘해놓았을 것이다.

황근화 작가님의 말처럼 무엇보다 아이들과 함께하는 여행인 만큼 키즈클럽이 있다는 게 너무나 마음에 들었다. 아이들은 키즈클럽에서 세계 친구들과 글로벌하게 놀고, 부모님들은 자신만의 시간을 보내며 여행을 즐길 수 있을 것이다.

장주완 작가님은 아버지와 크루즈 여행을 했다고 한다. 아버지가 이곳이 바로 천국 아니냐며 너무 행복해하셨다고 했다. 휠체어를 타고 오신 분을 뵈고는 자신들은 건강할 때 올 수 있어서 너무 다행 아니냐고도 하셨단다. 다음에는 가족과 다 같이 왔으면 한다고도 하셨고. 며칠 뒤면 집으로 돌아가야 하는데, 크루즈라는 천국에서 현실로 돌아가고 싶지 않다고도 하셨단다.

첫 여행을 성공적으로 마무리한 후에는 내가 가고 싶은 북유럽 크루즈 여행을 계획하려 한다. 그 여행을 통해 산타클로스 할아버지가 있을뿐더러 오로라를 볼 수 있는 핀란드, 중세 유럽을 느껴볼 수 있고 동화 같은 마을이 있는 에스토니아를 체험할 수 있다. 그러고 나면 아이들과 함께 디즈니 크루즈 여행도 가고 싶다.

죽을 때까지 이 모든 크루즈 여행을 다 해볼 수는 없으리라. 그래도 최선을 다해 여행하며 여행의 묘미를 느끼고 즐기려 한다.

몇 해 전 엄마가 내게 이러셨다. 젊을 때 실컷 놀러 다니라고. 늙으면 다 귀찮다고. 그 말 그대로 나는 최선을 다해 놀러 다니고 있다. 틈만 나면 어디에 놀러 갈까, 정보를 검색하고 예약하는 중이다. 이제는 그런 소소한 2박 3일 여행들을 모아 일주일 정도 소요되는 여행을 다니려 한다. 몸도 마음도 편한 여행의 끝판왕, 크루즈 여행 말이다.

네빌 고다드는 《네빌 고다드의 부활》에서 이렇게 말하고 있다.

"(…) 원하는 모습이 이미 되었다고 주장하십시오. 원하는 모습이 되었을 때 육신 안에서 경험하게 될 것들을 상상 속에서 경험하십시오. 사실로 받아들인 것에 믿음을 유지해서 '나는 누구인가?'라는 질문에 그렇게 대답하게 하십시오. 어떤 거라도 뿌리와 단절되어 있다면 더는 생명을 지닐 수 없습니다. 우리의 의식, 즉 우리의 '아이앰(Iamness)'은 우리의 세상에서 싹터 나오는 모든 것들의 뿌리입니다."

이 말을 음미하며 나는 내가 이미 원하는 크루즈 여행을 하고 있는 모습을 상상한다. 상상 속에서 내 의지대로 만족스러운 영상을 불러내고 상상의 힘으로 운명의 주인이 되고자 한다.

나는 다음과 같은 크루즈 여행을 할 것이다. 내 상상력으로 크루즈 여행을 시작한다. 정말로 상상 속 크루즈 여행이다. 이 글은 쓰고 있는 지금, 나는 아직 크루즈 여행을 해본 적이 없다. 하지만 조만간 내 크루즈 여행 후기도 쓸 수 있을 것이다. 상상의 힘을 믿는 만큼 재미있는 여행이 되리라 믿는다.

크루즈 여행을 이렇듯 아주 자세하게 상상해본다.

나는 발코니룸을 예약했다. 그리고 그 룸의 상태를 확인했다. 바스락거리지만 부드러운 이불의 촉감이 오감을 만족시켜 주었다. 출항 후 망망대해에 이르렀다는 사실을 인지하고, 준비한 망원경을 꺼내 발코니로 향했다. 남편과 두 아이도 서로 번갈아 망원경을 이용해 돌고래 떼를 봤다.

한편, 매일 발행되는 크루즈 신문을 보고 일몰 시각을 기억해뒀다. 그리고 매일 좋아하는 와인이나 칵테일을 곁들여 일몰을 감상했다. 일몰 사진도 연신 찍었다. 그러다 보니 사진 1,000장을 찍는 데 사흘밖에 걸리지 않았다. 휴대전화 용량은 잠시 잊고, 주황 섞인 핑크빛 하늘을 보며, 아무 생각 없이 수평선에 한동안 시선을 두었다.

거의 매일 아이들과 함께 물놀이를 했다. 바닷물로 채워진 워터파크에서 신나게 놀았다. 우리 집 창조주들은 아침부터 밤까지 물 밖으로 나오지 않으리라 했던 내 예상이 적중했다. 손가락과 발가락이 모두 쪼글쪼글해질 때까지 그들은 물에서 나올 줄 몰랐다. 나와 남편 손가락과 발가락 역시 모두 쪼글쪼글해졌다.

매일매일 선상 워터파크에서 놀곤 맛있는 음식이 가득한 뷔페 식당에 갔다. 아이들은 눈을 휘둥그레 뜨더니 뷔페 음식을 맛있게 먹었다. 우리 집 둘째는 미리 주문해놓은 컵케이크와 사랑에 빠졌다. 남편도 뷔페에 차려져 있는 생연어 요리를 먹으며 이렇게 맛있는 연어는 처음이라며 생각보다 많이 먹었다.

며칠 동안 크루즈 내에서 지내자 간간이 아는 사람이 생겼고, 그들과 인사를 건네며 시작하는 하루가 행복했다. 인사와 함께 대화도 조금씩 이어갔다.

내 직업이 작가라고 하니, 같이 사진을 찍자는 사람도 있었다. 다음에 일본에 놀러 오면 자기네 집에 오라는 인스타그램 친구도 생겼다. 그런 해외 친구들이 20명 남짓 됐다.

그 친구들 속에는 출판사 사장님도 있어서 해외 출간 요청을 받았다. 더없이 행복한 성과에 나는 천국에 온 것만 같았다. 틈틈이 두 번째 책을 집필하는 것도 잊지 않았다. 일주일 정도 여행하는 동안 책의 3분의 1을 완성하는 쾌거를 이뤘다.

두 번째 크루즈 여행인 북유럽 크루즈는 첫 번째 크루즈 여행 후 3개월 만에 가는 여행이었다. 가고 싶었던 북유럽을 크루즈 여행으로 가다니! 너무 가슴 설레는 일정이었다.

아이들과 함께 간 북유럽 여행에서 어느 때보다도 더 행복한 시간을 보냈다. 특히 에스토니아 시장과 마을을 거닐 때는 하얀 뭉게구름과 무지개가 파란 하늘에 펼쳐졌다. 그 하늘 아래에는 정말 동화 같은 마을이 숨겨져 있었다. 나는 동화 속 주인공이 됐다.

그곳에서 차즘 오렌지 주스와 이름은 알 수 없는 맛있는 과일, 쿠키들을 맛봤다. 기념품으로 작은 병정 인형도 샀다.

수제 맥주 공장에 들러 맥주 맛도 봤다. 내가 마셔 본 밀맥주 중, 이렇게 오감을 만족시키는 맥주는 태어나서 처음이라고 생각했다. 공장장님이 시음하라고 맥주가 담긴 미니 잔을 건네주었다. 남편과 짠! 잔을 부딪쳤다. 무표정하던 남편의 얼굴에 웃음이 가득 퍼졌다.

크루즈로 돌아오자, 다음 기항지는 핀란드라고 했다. 오로라 투어가 있어 참석했다. 밤새 오색찬란한 오로라를 보며 남편과 아이들이랑 끝없이 이야기를 나눴다. 그리고 얼마 지나지 않아 피곤해서 지친 둘째가 스르륵 잠들었다. 모든 게 평온하고 행복했다. 일찍 잠든 둘째에게 보여주려고 휘황찬란한 오로라의 빛들을 휴대전화 카메라에 담았다. 나는 그 아름답고 행복했던 시간이 가장 오래 가슴속에 남아 있으리라는 것을 잘 안다. 다음 날 아침 핀란드의 아름다운 자연 속 산타 마을 투어를 마지막으로 크루즈에 올랐다.

나의 상상은 현실이 됐다!

이런 상상 속 여행이 아닌, 실제의 크루즈 여행은 어떨까? 실제로 나는 출간 전, 2023년 11월 미국 카리브해 크루즈 여행을 작가 지인들과 다녀왔다.

권동희 작가님이 들려준 일화가 생각난다. 그녀가 뷔페 음식을 선상으로 가지고 나가서 먹어도 되냐고 승무원에게 물어봤단다. 크루즈에 따라 다르겠지만, 아니면 모든 크루즈가 그런 것인진 모르겠지만, 그 승무원의 대답은 이랬다.

"You can do everything(당신은 모든 것을 할 수 있어요)!"

이 얼마나 멋진 피드백인가! 당신이 원하는 것은 뭐든 할 수 있다! 이곳이 천국이 아니고 무엇이겠는가?! 영어를 못해도 괜찮다. 우리에게는 스마트폰 번역기가 있고, 승객을 도와줄 승무원이 2 대 1 혹은 3 대 1 정도의 비율로 존재하기 때문이다. 승객 2명 혹은 3명당 승무원이 1명꼴로 배정된다는 이야기다. 그들은 매우 친절하고, 영어를 잘 못해도 짜증 한번 내지 않고 기다려주며, 차근차근 쉽게 설명해주려고 한단다.

아직도 크루즈 여행을 모르는가? 아니, 이제 당신은 크루즈 여행을 안다. 그러니 더 늦기 전에 크루즈 여행을 버킷리스트에 넣어보자. 그리고 크루즈 멤버십에 가입하고, 크루즈를 타고 전 세계를 여행하는 상상을 해보자. 약 3개월의 크루즈 포인트 적립 후 예약하고 나면 당신은 설렘 속에서 여행 가는 날만 기다리면 된다. 더는 비싼 비용을 들여 여행 갈 필요가 없는 시대가 도래한 것이다. 크루즈 여행이라는 버킷리스트는 이제 다른 크루즈 여행을 계획함으로써 업그레이드될 것이다.

모든 게 가능한 곳, 천국같이 모든 것을 누릴 수 있는 곳, 여행의 끝판왕, 죽기 전에 꼭 한번 해보고 싶은 여행이 아닌, 1년에 서너 번 갈 수 있는 크루즈 여행을 당신의 여행으로 선택하길 바란다.

김지선

전 세계를 크루즈로 여행하는
행복한 베스트셀러 작가 되기

다른 여행에는 다 있는 한 가지가 크루즈 여행에는 없다. 바로 시간에 대한 스트레스다. 사람들이 여행을 떠나는 가장 큰 이유 중 하나가 쫓기 듯 사는 일상에서 벗어나고 싶기 때문일 것이다.

그런데 내 최근 기억을 돌아보면, 어쩌다 간 여행이 쫓기는 일상의 연장이 되어버린 느낌일 때가 많았다. 차이점이 있다면 그저 장소가 여행지로 바뀌었다는 것뿐이다. 여행 내내 자유롭지 못했던 시간에 대한 강박은 낯선 곳에서 아이들과 함께할 때 오히려 더 커졌던 것 같다. 이를테면 비행기나 기차 출발 시간, 호텔 체크아웃 시간을 비롯해 관광지의 오픈 시간, 폐장 시간, 그리고 식당의 브레이크 타임까지, 미리미리 챙겨야 할 숙제 같은 시간이 여행 가는 어느 곳에나 나를 쫓아다녔다.

어디 그뿐인가. 여행 내내 휴대전화를 손에 쥐고 끝없는 검색에 나서야 한다. 관광지를 검색하고, 주변 맛집을 검색하며, 이동 거리와 시간을 검색한다. 목적지가 정해지면 내비게이션을 검색한다. 아뿔싸, 막상 도착해 보니 생각보다 줄이 길어 진입이 어렵다. 이러다 아까운 시간만 낭비할 것 같아 다른 곳을 찾아보기로 한다.

그런데 방향을 돌려 다른 곳으로 가는 도중에 비가 내리기 시작하는 건 또 뭔가. 계획을 전면 수정해 실내 관광지를 찾아보기로 한다. 아이들이 보채기 시작한다. 이쯤 되면 몸도 지치고, 마음도 지친다. 여행은커녕 고행이 따로 없다. 큰마음 먹고 떠난 여행인데 오히려 일할 때보다 더 깊은 피곤을 느낀다.

이에 비해 크루즈 여행은 어떤가? 일단 제일 고단한 검색 지옥에서 해방된다. 그것만으로도 반은 먹고 들어간다. 일할 때보다 더 바삐 돌아가던 손과 머리가 마침내 휴식을 즐긴다. 말 그대로 꿈꾸던 힐링 여행이 시작된 것이다. 만약 비가 온다면? 크루즈 안에서 놀면 된다. 줄이 길게 늘어서 있다면? 옆의 다른 즐길 거리를 찾아 놀면 된다.

하고 싶은 게 달라도 각자 알아서 원하는 것을 마음껏 골라 하면 된다. 호텔을 찾아, 맛집을 찾아, 더는 낯선 길을 헤매고 다닐 필요가 없다. 남녀노소 누구라도 만족스럽게 즐길 것들이 다 모여 있으니, 여행 중 뜻이 안 맞아 마음 상할 일도 없다. 시간 맞춰 체크아웃하느라 허겁지겁 서두르지 않아도 된다. 크루즈 안에서 언제든지 먹고, 크루즈 안에서 언제든지 쉬고, 그마저 지루하면 기항지에 내려 관광을 할 수도 있다. 무거운 짐을 들었다 내렸다 고생할 필요도 없다. 크루즈에 올라탄 이상 내 몸은 여행지를 향해 자동으로 이동하는 중이니까. 그야말로 잘 먹고, 잘 놀고, 잘 쉴 수 있다. 천국이 따로 없다.

　나는 17년이라는 긴 세월 동안 직장생활을 했다. 그런데도 매년 다 합쳐 10일 이상 휴가를 써본 기억이 없다. 그것도 꼭 필요한 일 때문에 어쩌다 하루, 길어야 이틀 자리를 비우는 게 전부였다. 몇 날 며칠을 연달아 비우는 일은 한 번도 없었다. 초등학교, 중학교, 고등학교를 다닐 때처럼 회사도 그렇게 개근상 타듯 다녔다. 하루라도 결근하면 큰일이라도 나는 줄 알고 말이다.

　더더군다나 아이들이 태어나면서부터는, 아이들을 위해 피치 못하게 자리를 비워야 할 때를 대비해 보험처럼 아껴 둬야 하는 게 휴가였다. 절대 '나를 위해' 허투루(?) 쓰는 것은 있을 수 없는 일이었다. 주변 사람들도 모두 그렇게 사니, 그게 당연한 줄 알았다.

　그렇지만 이제 나는 조기에 직장을 졸업하는 것을 꿈꾼다. 마흔이 되고 보니 지나온 시간을 자연스럽게 돌아보게 됐다. 그동안의 내 삶을 돌아보는데 그만 헛웃음이 나왔다. 나름 앞만 보고 누구보다 성실하게 열심히 살았다고 자부한 세월이다. 그런데 왜 이렇게 마음이 공허한 것인가? 왜 나답게 충분히 만족스러운 삶을 살았다는 생각이 들지 않는 것일까? 혼란스러웠다.

　당연한 코스처럼 남들 따라 대학교 공부까지 마치는 데 16년이 걸렸다. 그리고 그보다 더 오랜 시간 직장생활을 해왔다. 합치면 30년이 넘는 세월이다. 사람들 대부분은 그보다 더 긴 시간을 직장에 바치며 산다.

내가 몸담은 회사는 정년이 연장되어 본인만 원하면 환갑까지도 다닐 수 있다. 실제로 그런 분들이 많이 생겨나고 있다. 마치 그것만이 유일한 길인 듯 모두가 일말의 고민도 없이, 그 길을 선택하고 있다. 흘러가는 세월에 기대어 좀비처럼 눈감은 채로…. 마치 그 길에서 이탈하면 큰일이라도 날 것처럼 실체도 없는 두려움에 떨면서 말이다.

미래를 생각해도 아무런 두근거림이 없고 재미있는 일이라곤 영영 없을 듯해 보이는 인생. 나는 이건 정말 아닌 것 같다는 생각에 정신이 번쩍 들었다. 그게 다가올 나의 미래라고 생각하자 머릿속이 하얘지는 것 같았다.

설렘이라고는 1도 없는 회색빛의 그런 삶이 내가 바라던 인생은 결코 아니었다. 그것은 한 번뿐인 내 인생에 대한 예의가 아니라는 생각이 들었다. 나는 일도, 노는 것도 불타오르듯 열정과 욕망이 가득한, 끝없이 도전하고 쟁취하는 삶을 살고 싶었다. 그것도 나이 들어 은퇴한 후가 아니라 한 살이라도 젊은 지금 그러고 싶었다. 나는 어서 빨리 '노잼' 인생을 졸업하는 그날만을 꿈꾸게 됐다. 나는 죽을 때까지 재미있게 살고 싶었기 때문이다.

내가 제일 싫어하는 여행은 단연코 패키지 여행이다. 누군가가 짜놓은 일정대로 기계처럼 움직이는 모습이 직장생활의 그것과 다를 바 없어서다. 내 욕구와 생각이 들어갈 틈이라곤 없는 단체행동이기 때문이다. 차이점이라면 직원이던 내가 '고객님'이 되고, 상사 대신 가이드가 있는 것뿐이다. 패키지 여행에서 내 자유의지는 중요하지 않다.

이에 비해 크루즈 여행은 내가 꿈꾸는 작가의 삶을 닮았다. 짜놓은 일정이 없다. 그저 내가 원하는 것을 그때그때 원하는 시간에 하면 된다. 미치도록 자유롭지 않은가.

내가 꿈꾸는 삶 속의 나는, 더는 남이 만든 시간의 틀 안에 갇혀 살지 않는다. 나는 그냥 '남이 바라는 나' 말고, '내가 되고 싶은 나'가 되면 그만이다. 아니, 아무것도 되지 않아도 상관없다. 나는 나의 존재만으로도 이미 온전하고 완벽한 작품 그 자체이기 때문이다. 그동안 그것을 느끼며, 감탄하고, 감사하며 살 여유가 없었던 게 안타까울 뿐이다. 이대로 죽는 날까지 남이 만들어 놓은 틀 속에 나를 억지로 끼워 맞추며 살아야 한다면? 상상조차 하고 싶지 않은 일이다.

전 세계를 크루즈로 여행 다니는 행복한 베스트셀러 작가가 되려면, 무조건 내게 씌워져 있는 틀 밖으로 뛰쳐나와야 하리라. 패키지 여행이나 직장생활에서의 독단적인 일탈은 손가락질 대상이 된다. 모두 안정을 담보로 단체 생활을 강요받는 틀이다. 싫어하면서도 틀에 맞추려고 정해진 룰을 따른다. 틀 밖은 위험하다는 무언의 압력에 세뇌당한 까닭이다. 다른 길이 있다는 걸 아예 꿈꾸지도 못하게 되어버린 것이다. 그 틀을 깨고 혼자 걸어 나오려면 분명 많은 용기가 필요하리라. 자유 여행에는 자유도 주어지지만 변수도 함께 주어지기 때문이다. 그래서 사람들 대부분이 자신의 인생이라는 시간을 월급과 맞바꾼 채, 생각은 저 멀리 던져버리고 사는 것이다.

나는 나에게 내 인생을 나답게 살아갈 자유를 선물할 것이다. 빈자의 마인드를 부자의 마인드로 바꾸고, 담대하게 내 인생을 즐길 것이다. 나는 무엇이든 할 수 있고, 될 수 있고, 누릴 수 있다는 것을 나에게 알게 해주고야 말 것이다.

냄비 안의 개구리는 서서히 올라가는 온도에 익혀져 가는 자신을 의식하지 못하고 결국 죽게 된다고 한다. 흘러가는 강물에 떠내려가는 인생 또한 낭떠러지에 이르러 속절없이 마감 당한다고 했다. 생각 없이 흘러가도록 내맡긴 인생, 안정이라는 이름의 틀 속 개구리 같은 인생이 가장 위험한 인생 아닐까.

20대 시절, 나는 4년간 미국이라는 큰 땅에서 일할 기회를 얻었다. 하지만 내 의식은 그 큰 땅덩어리를 향유하도록 허락하지 않았다. 학창 시절 내게는 학교와 집이 다였다. 그렇듯이 미국에서도 회사와 집은 내 행동반경의 전부였다. 사람들은 내가 미국 전역을, 어마어마한 미국 땅을 마음껏 여행했을 거라고 지레짐작하며 부러워한다. 하지만 의식이 가난하면 지구 반대편에 데려다 놓은들 사는 모습은 똑같을 수밖에 없다. 나는 남이 만들어 놓은 레고 장난감의 부속품이 되지 않으면 큰일이라도 날 것처럼 전전긍긍하며 살았다.

하지만 이제부터 나는 베스트셀러 작가로서 전 세계를 크루즈로 여행하며 살 것이다. 그동안 가보지 못했던 세계 곳곳을 여행하며 놀랍도록 넓은 세상을 내 품에 품을 것이다. 그러고는 아무것도 하지 않는 자유를 만끽할 것이다.

또한, 우리 아이들을 크루즈 안에서 마음껏 뛰어놀게 할 것이다. 학교가 가르쳐 주지 않는 멋진 바깥 세계를 크루즈에서 만나게 해줄 것이다. 죽어서 가는 천국이 아니라 살아가는 순간순간 천국을 누릴 수 있다는 것을 알게 해줄 것이다.

나는 지구 별에서의 이번 생에 내가 원했던 모든 것을 체험하며 경제적으로 부유해질 것이다. 시간적으로도 자유로워질 것이다. 지금껏 살아온 삶과 다른 선택지를 택할 것이고 담대하게 그 길로 나아갈 것이다. 그런 내 삶을 통해 사람들이 가슴이 시키는 삶을 살아갈 수 있도록 용기와 희망을 전해줄 것이다. 내 생에 이 한 가지만 이룰 수 있어도 소원이 없겠다. 우주에서 자신보다 더 귀하고 특별한 존재는 없다는 걸 알려주는 것. 내가 바로 그 산증인이 될 것이다.

명절에 3대가 떠나는
지중해 크루즈 여행을 예약하다

엠제이 드마코(MJ DeMarco)는 《부의 추월차선》에서 다음과 같이 말했다.

"무엇이 사람들을 과감하게 도전하지 못하도록 막는 걸까? '언젠가'라는 말이 그러하다. 언젠가 나는… 할 거야. 언젠가 나는 이걸 할 거야, 저걸 할 거야. 언젠가 애들이 다 크면, 빚을 다 갚으면… 언젠가. 하지만 그 언젠가는 절대 오지 않는다."

나는 맞벌이 부부다. 유치원생인 두 아이는 친정 부모님의 도움을 받아가며 키우고 있다. 내가 첫아이를 낳고 복직하기 전, 부모님은 아예 내 옆으로 이사 와주셨다. 제법 오랫동안 살아오신 삶의 터전을 뒤로한 채 오직 딸을 위해 내리신 결정이었다.

첫째가 일곱 살이 됐으니, 부모님이 두 손녀를 지극정성으로 키워주신 세월이 벌써 7년째다. 그 고마움이란 어떤 말로도 표현하기 어려울 정도다. 나는 어떻게든 그 고마움에 보답하고 싶었다.

나는 어느 날부터 입버릇처럼 부모님에게 말하기 시작했다. 손녀들과 함께 유럽에 모시고 가겠노라고. 세계 일주를 시켜 드릴 테니 꼭 건강하게 잘 계셔달라고 말이다. 나는 어림잡아 둘째가 초등학생이 되는 '언젠가'면 그게 가능하지 않을까, 생각했던 것 같다.

그러던 얼마 전이었다. 친하게 지내던 지인의 어머니가 갑자기 편찮으시다는 이야기를 들었다. 며칠 소화가 안 되는 것 같아 병원을 찾으셨는데 덜컥 위암 4기 선고를 받으셨단다. 슬픔과 충격에 빠진 지인을 보면서 나는 그날 참 많은 생각을 하게 됐다.

20대 시절 내가 미국에서 직장을 다니고 있을 때, 한국에 계신 친정아빠가 갑작스레 심장 수술을 받으셨다는 연락을 받았다. 잔병치레라곤 한 번도 하지 않으신, 너무나 건강하셨던 분이 심장 수술이라니, 엄청난 충격이었다.

진료 예약이 있어 병원을 찾으셨는데 갑자스레 심장 혈관이 막히셨다고 했다. 그때 마침 병원에 있지 않았으면 큰일 날 뻔했다는 이야기를 들으며, 내 마음은 참담함을 넘어 무너져 내리는 것 같았다. '만약 그대로 아빠가 잘못됐다면?'이라고 생각하다, 그런 큰일이 일어났는데도 내가 아빠 옆에 있지 못했다는 사실을 통탄하며 너무 괴로워했다.

언제까지나 기다려주실 줄 알았던 부모님의 시간과 내 시간이 다를 수

김지선 **135**

있다는 것을 나는 그날 처음 깨달았다. '자식이 효도하고 싶어도 부모는 기다려주지 않는다'라는 말이 그제야 가슴에 사무쳤다.

더는 남의 일이 아니라 실제 내 일이 될 수도 있다는 사실에 겁이 났던 나는, 머릿속으로 계산해봤다. '내가 계속 미국에서 산다면, 앞으로 아빠 엄마와 함께할 수 있는 날이 얼마나 될까?' 하고. 정말 얼마 되지 않는 날짜를 세어보며 나는 무언가로 머리를 세게 얻어맞은 기분이었다.

그날 이후 나는 내 삶의 우선순위를 다시 정립하게 됐다. 성공해서 부모님을 행복하게 해드리겠다는 계획을 뒤집기로 한 것이다. 부모님과 지금 행복하기 위해 나는 미국에서의 삶을 정리하고 한국으로 돌아가기로 했다. 미루지 않고 행복을 선택하는 만큼 앞으로 더 잘되리라 확신하면서.

그로부터 10년이 지나 어느덧 다시 일상에 파묻혀 지내게 됐다. 그러다 보니 조금은 이전의 깨달음을 잊고 살았던 것 같다. 시간은 무한정하지 않다는 것을. 내가 바라는 완벽한 타이밍이라는 것은 없다는 것을. '언젠가'라는 시간은 오지 않는다는 진실을 말이다.

일주일도 결국 오늘이 일곱 번 합쳐진 것이고, 1년도 오늘이 삼백육십다섯 번 거듭된 것이다. 사실 오늘이 내가 누릴 수 있는 전부인 것이다. 무언가를 '지금' 하지 못하고 '나중에, 언젠가'로 미루고 있는 나를, 지인의 이야기를 들으며 다시 돌아보게 됐다.

얼마 뒤 지인은 어머니를 모시고 여행을 다녀왔다는 소식을 전해왔다. 어머니의 컨디션이 조금 좋아진 틈을 타 머뭇거리지 않고 모시고 다녀왔다고 했다. 어머니께서 아이처럼 너무 좋아하셨다는 말과 함께. 기분이 좋으셔서 식사도 곧잘 하시고 가족과 함께 너무나 행복한 시간을 보내고 왔다는 이야기에 나도 덩달아 행복해졌다. 이렇게 좋아하실 줄은 몰랐다며, 그동안 왜 더 많이 함께하지 못했을까 후회된다는 지인의 말을 들으며, 나는 콧날이 시큰해 오는 것을 느꼈다.

삶의 끝에서 나는 무엇을 후회하게 될까? 삶의 끝에 이르렀을 때 내가 제일 하고 싶고, 보고 싶은 것은 무엇일까? 이 질문에 나는 잠시의 주저함도 없이 나에게 답해주었다. 부모님과 아이들, 신랑과 활짝 웃으며 멋진 곳을 행복하게 여행하고 있는 모습, 바로 그거라고 말이다. 삶의 끝에서 하고 싶은 그런 일을 지금 하지 못할 이유가 없지 않은가. 이 순간을 이미 내 소망이 이루어진 그때의 느낌으로 살아가리라는 용기가 솟았다.

나는 더는 지체하지 않았다. 무언가에 홀린 듯 크루즈 여행 사이트에 접속했다. 그동안 버킷리스트에만 고이 적어두었던 지중해 크루즈 여행을 이제는 실행해야겠다는 결심이 섰기 때문이다. 운 좋게도 책《나는 100만 원으로 크루즈 여행 간다》의 저자 권동희 대표님을 알게 되어 더 빨리 용기를 낼 수 있었다.

대표님은 "여행은 용기의 문제이기도 하지만 돈의 문제이기도 한데, 크루즈 멤버십을 통하면 돈 문제를 해결할 수 있다"라고 말씀해주셨다. 아니나 다를까. 그동안 정보가 부족해 덮어놓고 그저 '비싸다'고만 생각했던 크루즈 여행을 얼마든지 가성비 높게 가는 방법이 있었다. '아는 만큼 누린다'라는 말을 실감하는 순간이었다.

내가 훌쩍 떠나지 못하는 이유 중 하나는 '아직 아이가 어려서'였다. 끔찍하게 패키지 여행을 싫어하는 내게는 비행기를 타고 현지에 가서 두 발로 이동하는 여행이 있을 뿐이었다. 그러려면 아직 다섯 살인 둘째가 너무 어리다는 생각이 우리의 여행을 막아왔다. 아이도 아이 나름대로 힘들겠지만, "힘들다, 안아 달라" 보채면 어른들도 고생할 게 뻔했다. 계속 '나중에'로 여행을 미룰 수밖에 없었던 이유다.

그런데 크루즈 여행이라면? 얼마든지 어린아이를 데리고 여행할 수 있을 것 같았다. 이동에 대한 부담이 없기 때문이다. 아이는 마치 호캉스처럼 바다 위 호텔, 크루즈 안에서 마음껏 즐길 수 있으니 너무 좋을 것이고, 어른들도 가장 큰 짐을 던 데다 크루즈가 알아서 목적지로 이동해주니 부담감 없이 즐길 수 있을 터였다.

'금강산도 식후경'이라는 옛말이 크루즈 여행에 딱 어울리는 것 같다. 적어도 기본적인 쾌적함이 유지되어야 풍경도 눈에 들어올 테니 말이다. 모두가 기본적인 욕구를 충족하며 잘 먹고, 잘 자며, 잘 놀 수 있는 여행이다 보니, 이국적인 여행지의 정취도 훨씬 잘 느끼고 올 수 있을 터였다. 더는 힘겨운 '숙제 같은 여행'이 아닌, 말 그대로 '축제 같은 여행'을 즐기게 되리라 싶었다.

올 9월 추석 연휴에 맞춰 떠나는 크루즈 여행을 예약하고 나자, 우리 집은 그야말로 매일매일 여행 전날 같은 기분에 휩싸여 있다. 시댁 부모님, 친정 부모님, 아이들까지 3대가 떠나려 한다는 그 생각만으로도 웃음꽃, 이야기꽃이 끝없이 피어난다. 왜 미리 여행을 예약하고 살아야 하는지 알 것 같다.

그동안은 늘 임박해서 여행을 예약하고는 정신없이 떠나기 바빴다. 혼자가 아닌 가족 여행은 사실 설렘보다는 전투에 임하는 듯한 비장함을 갖고 떠날 때가 더 많았다. 계획에 맞춰 문제없이 수행하기 바쁜 '출장' 같은 여행이었다.

그런데 크루즈 여행을 예약하고 나니, 이게 무슨 일인가? 나도 아이처럼 덩달아 설레어 어쩔 줄 몰라 하는 것이었다. 그런 내 모습은 내게도 낯설었다. 아, 이렇게 좋은 걸 그동안 몰랐구나! 이제라도 알았으니 정말 다행 아닌가. 그 길을 가르쳐 주신 권 대표님에게 무한 감사하는 마음이 들었다.

태어나 처음 가보는 크루즈 여행을 앞두고 설레는 것은 부모님도 마찬가지이신 것 같았다. 어딜 가나 자신도 모르게 크루즈 여행 이야기를 하시게 된단다. 나는 몇 번이라도 모시고 갈 테니 오로지 건강만 챙기시라고 신신당부한다. 한 번이 어렵지, 이제 한번 다녀오고 나면 크루즈로만 여행 다닐 게 분명하기 때문이다. 크루즈 여행은 행복하지 않은 이 없는, 여행의 끝판왕임이 분명하다

우리가 타게 될 코스타 크루즈의 지중해 여행 코스는, 터키에서 출발해 그리스 미코노스, 산토리니, 아테네 등 주요 지중해 기항지를 거치게 된다. 사실 가족 모두의 스케줄을 만족시키려면 명절을 끼고 갈 수밖에 없어, 나는 코스보다 날짜를 우선해 검색했다.

그런데 이게 웬일인가. 내가 선택한 지중해 여행 코스가 정확히 내가 가고 싶었던 곳들을 모두 거친다는 것을 나중에 예약 내용을 찬찬히 읽어 보고서야 알았다. 온몸에 전율이 흘렀다. "우와!" 그저 감탄사만 흘러나왔다. 나 스스로도 신기하기만 했다.

'내가 진짜 크루즈로 여길 여행한다니!'

이미 나는 산토리니에 내려 하얗고 파란 그림 같은 집들 앞에서 행복에 겨워 끝없이 탄성을 내지르고 있었다. 내 마음의 시계는 이미 크루즈 여행과 함께 흐르고 있었다. 삶이 일순간 뒤집힌 기분이었다. 이렇게도 행복하게 매일매일을 꿈처럼 살 수 있구나! 매 순간이 감동 그 자체다.

부모님들 휴대전화와 내 휴대전화 바탕화면에 여행까지 남은 날들을 볼 수 있도록 설정해두었다. 이제 눈만 뜨면 가슴속이 여행을 기다리는 설렘으로 가득 찬다.

웨인 다이어(Wayne Dyer)는 《우주는 당신의 느낌을 듣는다》에서 다음과 같이 말했다.

"여러분의 관심을 끌고 여러분을 기쁘게 하고 여러분을 놀라게 하고 여러분에게 용기를 불어넣어 주는 것들을 발견하는 것. 그리고 계속해서 새로운 욕망을 표출해내는 것. 이것이 진정한 삶의 연속입니다."

꿈 너머 꿈을 꾸게 해주고 새로운 희망을 선물해준 크루즈 여행은 내 삶의 새로운 기적, 살아가는 이유다.

성공해서 크루즈를 타는 게 아니라 크루즈를 타야 성공한다!

황근화

버킷리스트는
꿈이 아니라 현실이다

오늘도 맛있게 저녁을 먹고 아이들과 함께 소파에 앉아 TV 리모컨을 집어 들었다. 매일 저녁 나를 설레게 만드는 여행 프로그램 방영 시간이기 때문이다. 나는 늘 이 시간을 기다린다. 이 프로그램은 매주 세계 여러 나라를 돌아다니며 그 나라의 전통과 문화 관련 정보를 알차게 전해준다. 또한, 현지인들을 만나 그들과 일상을 함께하는 모습을 가감 없이 보여준다.

그곳 문화체험 장면을 방송으로 보고 있노라면, 나도 모르게 함께 여행하고 있는 듯한 기분을 느끼곤 한다. 10년이 넘은 지금까지도 본방송과 재방송을 빼놓지 않고 챙겨본다는 사실이 그 기분을 대변해준다고 하겠다. 우리 아이들도 어렸을 때부터 나와 함께 이 여행 프로그램을 봐왔다. 방송을 통해 자연의 풍경이나 여행자 체험기를 봐와서 그런지 아이들도 이 프로그램을 좋아하고 즐긴다. 그런 모습을 보며 매일 큰 행복을 느낀다.

나는 어렸을 때부터 여행을 좋아했다. 학창 시절에는 자동차가 없어서 친구들과 버스나 기차를 타고 여행을 다니는 게 일상이었다. 여행도 일정을 딱 정하지 않고 떠났다. 마음만 맞으면 친구들끼리 언제든 떠날 준비가 되어 있었다.

직장에 취직하고 나서 생애 처음 차를 사자마자 대중교통 접근이 어려운 숨은 여행지를 찾아 나서기도 했다. 스마트폰이 없던 시절이라 여행 정보를 얻으려면 서점에서 여행 관련 서적을 구매하는 방법밖에 없었다. 직장생활을 하면서도 국내 여행을 참 많이 다녔다. 여행 관련 책을 여러 권 구매해 가방에 넣고는 지도 삼아 여기저기 이동하는 데 참고하곤 했다. 그게 나의 취미가 됐지만 말이다.

시간이 흐르면서 바쁜 일상, 가족에 대한 책임, 아이들의 성장에 발맞추느라 나 홀로 여행은 점차 뜸해졌다. 하지만 아이들을 키우는 과정에서 여행은 단순히 나만의 취미에 그치지 않았다. 가족과 소중한 추억을 만드는 시간이 되어주었다.

교대 근무를 하는 직장의 특성상 길게 날짜를 잡을 수는 없었지만, 짧은 연휴나 방학을 이용해 아이들과 함께 주변의 도시나 해외로 여행을 떠났다. 그렇게 여행을 떠날 때면 아이들은 설레는 눈빛과 새로운 경험을 기대하는 흥분된 마음을 고스란히 보여주었다. 내가 여행을 통해 더 큰 행복을 느끼는 순간이었다.

여행하다 보면 누구나 희망과 설렘을 가득 안고 여행지를 찾아다니게 된다. 나도 소중한 경험을 쌓으려고 참 많은 곳을 찾아다녔다. 먼 고향 집을 왔다 갔다 하느라 쌓인 것도 있지만, 연식 8년이 된 지금의 내 차가 뛴 거리는 20만km에 달하고 있다. 1년에 2만 5,000km를 뛰어야 가능한 거리이고, 하루로 치면 68km 이상을 운행한 셈이다.

아내도 여행을 좋아해 우리는 정말 안 가본 곳이 없을 정도로 전국 방방곡곡을 돌아다녔다. 지금 생각에 여행 블로그를 운영했으면 여행 인플루언서가 되고도 남았을 듯하다. 좀 더 욕심을 부려 본다면 여행 관련 책도 몇 권 출간하지 않았을까 싶다.

직장에 입사하고 몇 년 되지 않아 친구들과 함께 해외여행을 계획하긴 했다. 당시 나는 해외여행 경험이 없었고, 비행기를 타고 오랜 시간 이동한다는 게 부담스러웠다. 또한, 시간의 대부분을 리조트나 주변 관광지나 근처 해변에서 보내게 되리라 생각했었다. 사실은 몇 시간 동안 비행기를 타고 해외까지 나가는 사람들이 잘 이해되지 않았지만 말이다. 바다나 수영장이 흔한, 가까운 제주도만 해도 놀 수 있는 환경이 잘 갖춰져 있지 않나 생각했다. 그 때문에 굳이 비행기를 타고 해외까지 나갈 명분을 찾지 못했다.

하지만 지금의 아내를 만나고 동남아 여행을 한번 다녀오면서 국내 여행 비용에 거품이 꼈다는 것, 해외여행을 통해 새로운 경험과 넓은 시야를 갖게 됐다는 것을 새삼 깨달았다. 나는 여행이라는 면에서는 우물 안의 개구리였던 셈이다.

　연애 시절 아내와 함께한 첫 해외여행은 나에게는 완전히 새로운 경험
이었다. 동남아 여행을 시작으로 접한 외국의 색다른 문화와 음식, 생소
한 풍경들은 나에게 큰 감동을 주었다. 이후 유럽 6개국을 패키지로 묶어
신혼여행을 다녀왔다.

　그러곤 다음엔 누구의 도움도 받지 않고 자유 여행을 떠나보리라 계획
했다. 그곳이 바로 동유럽의 체코였다. 특히, 아내와 함께 여행 일정을 짜
고 관련 정보를 찾아 기록해나가며 쌓은 경험은 내게 큰 의미가 있었다.
준비하는 과정은 힘들었지만, 설렘을 안고 떠난 첫 자유 여행은 그야말로
뿌듯함을 안겨주었다. 일정이 길지는 않았어도, 여행지에서 만난 현지인
들과의 교류나 그곳만의 특별한 경험은 돈으로 살 수 없는 소중한 추억이
되었다. 아직껏 내 가슴속 깊이 남아 있을 정도로.

　아이들이 태어나면서 몇 년 동안은 멀리 나가는 해외여행을 하기가 어
려웠다. 그 대신 가까운 국내 여행지를 찾아 떠나는 여행이 또 다른 느낌
의 감흥을 주었다. 여행을 준비할 때부터 기대에 가득 찬 아이들의 반응
과 느낌, 그리고 그들이 세상을 바라보는 시각은 나에게 새로운 감동을
주었다.

　물놀이를 좋아하는 아이들을 위해 우리가 늘 선택한 여행지는 물이 얕
은 서해나 수영장이 있는 리조트였다. 단 하루 일정이더라도 물놀이용품
은 빼놓지 않고 챙겼다. 요즘은 실내 온수 풀이 있어 사계절에 걸쳐 수영

장 이용이 가능해지기도 했다. 먼 거리를 운전하느라 피곤하긴 했지만, 가족과 함께한 여행은 나만의 추억이 아닌, 가족 모두의 행복한 추억으로 자리매김하고 있다.

한번은 아이들이 TV를 보다가 "아빠! 저거 한번 타보고 싶어요!"라고 흥분된 목소리로 외쳤다. 뭔가 싶어 TV를 보니, 크루즈 여행 체험을 소개하는 장면이 방영되고 있었다. 바다 위의 리조트인 크루즈. 그 순간 나는 깨달았다. '아이들이 원하는 게 바로 버킷리스트 1호가 아닐까?'라고. 나는 아이들에게 버킷리스트가 단순히 꿈에 그치지 않는, 간절히 원하면 현실에서 이루어진다는 것을 보여주고 싶었다.

고민할 것도 없이 그 자리에서 가족들과 함께 우리의 버킷리스트를 만들었다. 그 버킷리스트에는 평소 여행 프로그램에서 본 장소뿐만 아니라, 아이들과 아내의 소원이며, 나의 오랜 꿈인 여행지도 포함됐다.

랠프 월도 에머슨(Ralph Waldo Emerson)은 다음과 같이 말했다.

"여행은 목적지에 도달하러 가는 것이 아니라, 가는 과정을 즐기는 것이다."

평소 여행하면서 나는 찾아다닌 목적지에 대한 기록을 남기는 데만 익숙해져 있었다. 그러다 버킷리스트를 하나씩 하나씩 써 내려가며 랠프 월도 에머슨의 말처럼, 여행은 목적지에 도달하는 것만이 목적이 아니라는 것, 오히려 그 과정에서 겪고 느끼는 여러 경험과 감정, 그리고 그곳에서 만나는 사람들과 맺는 관계가 중요하다는 것을 깨달았다.

목적지는 결과와 다름없지만, 그 결과가 부여하는 의미는 준비하고 경험하는 과정에 있지 않을까, 생각해보게 된 것이다. 여행을 앞둔 설렘과 흥분, 기다림과 기대는 그 과정을 준비해보지 못한 사람은 결코 느낄 수 없는 감정일 테니까.

결국, 버킷리스트는 꿈을 이루기 위한 계획이기도 하지만, 내가 경험하게 될 현실이기도 하다. 그리고 그 꿈을 이루기 위해 노력하고 준비하는 과정 자체가 삶의 의미를 말해주는 것일 터. 나는 아이들이 그런 의미 있는 삶을 살기를 바란다. 그들이 원하는 곳을 언제든 갈 수 있도록 스스로 꿈을 찾고 그 꿈을 이루려 노력하길 바란다. 그 과정에서 소중한 경험과 추억을 만들어나가길 소망한다.

그렇게 탄생한 우리 가족의 첫 번째 버킷리스트는 크루즈 여행으로 정해졌다. 생각만 할 때와는 다르게 결정되는 순간, 이미 현실이 된 것처럼 마음이 들뜨기 시작했다. 무엇을 어떻게 준비해야 할지 정보를 찾아보는 게 우선순위였다. 그에 더해 할 수 있다는 자신감과 해내겠다는 열정이 기대감을 한껏 높여 주었다.

늙어 은퇴해서나 갈 수 있는 여행.
일반 여행 대비 너무 비싼 여행.
부유층만 갈 수 있는 여행.

'크루즈 여행' 하면 늘 따라다니는 수식어다. 나도 크루즈 여행을 버킷리스트에 넣기 전까지는 줄곧 그렇게 생각해왔다. 크루즈 여행에 대한 고정관념은 시대가 변해도 늘 똑같았다. 바다 항해라면 제주도에 갈 때나 섬에 놀러 갈 때 타본 유람선이 전부였다. 주변에도 크루즈 여행을 경험한 사람이 아무도 없었다. 누구 하나 크루즈 여행이 어떤 여행인지 이야기해 주지 않으니, 고정관념이 변하지 않는 것은 당연지사였다. 하지만 인터넷으로 정보를 찾아보면서 점점 고정관념이 깨지는 대신 희망이 그 자리를 차지하는 것을 느꼈다.

결국, 버킷리스트는 꿈이 아니라 현실이다. 그 현실을 만들어가는 것은 바로 우리 자신이고. 나는 아이들에게 그 과정을 보여주고, 꿈을 향해 가는 그 길을 함께 걸어가고 싶다. 이제 버킷리스트를 하나씩 하나씩 이루어 나가면서 가족들과 함께하는 소중한 시간을 더욱 의미 있게 만들고자 한다.

나는 크루즈 여행을 통해 세상을 더 넓게 바라볼 수 있으리라 확신한다. 다양한 문화를 배우고 체험할 수 있으리라 확신한다. 그 경험을 가족과 함께 쌓아나가고 싶다. 그리고 버킷리스트에서 현실로 바뀐 그 모든 경험은 나와 내 가족들의 추억 속에 영원히 간직될 것이다

꿈에 기회를 주지 않으면
꿈도 나에게 기회를 주지 않는다

2019년 12월.

아이들이 태어나면서 우리 가족은 몇 년간 해외여행을 다니지 못했다. 그러다 비행기로 4시간 거리에 있는 사이판으로 가족 휴가를 떠났다. 4박 5일 일정에 리조트에서 삼시 세끼를 해결할 수 있는 골드 카드 혜택이 포함되어 생활에 큰 불편함은 없었다. 아이들을 데리고 해외로 나가면 숙박보다 매 끼니를 해결하려 식당을 찾아다녀야 하는 부담감이 큰 게 사실 아닌가.

4박 5일간의 일정을 재미있게 보내고 인천공항에 도착하자, 중국 우한발 급성 호흡기 전염병 뉴스가 대대적으로 보도되고 있었다. 사이판으로 출국하기 전 언뜻 듣긴 했는데, '감기 증상과 비슷하지 않나?' 정도로만 생각하곤 흘려버렸었다.

하지만 시간이 지날수록 중국을 넘어 아시아권으로 바이러스가 퍼지기 시작했다. 급기야 세계 모든 국가와 대륙으로 퍼져나가며 2020년 1월, 세계보건기구(WHO)가 비상사태를 선포하기에 이르렀다. 그로부터 몇 달이 지나지 않아서 전 세계적으로 마스크 착용과 대륙 간 이동을 자제하는 조치가 취해졌다. 이어 감염자는 격리되고, 일상이 오프라인에서 온라인으로 넘어가는 삶이 시작됐다.

코로나바이러스가 엄습하며 가장 큰 타격을 입은 분야는 바로 여행 산업이었다. 대중교통을 비롯해 항공, 선박 등 다수가 이용하는 이동 수단은 대부분 운행이 중단됐고, 자가용을 이용해 이동하는 일이 잦아졌다. 특히 감염자들의 집 밖 외출이 금지됐는데, 집 안에서 약을 먹으며 가족들과도 격리된 생활을 해야 했다. 그리고 전염병의 유행 기간이 길어지다 보니, 여행은 꿈도 꿀 수 없는 상황이었다.

회사도 타격을 입기는 마찬가지였다. 수출이 막히면서 매출이 감소한 탓이었다. 또한, 근무 형태가 비대면으로 전환되면서 재택 근무가 늘어났다. 정말 타격이 큰 회사들은 구조조정까지 단행하면서 생존에 사활을 걸었다. 그렇게 몇 달이면 끝날 것 같았던 뒤틀린 일상은 앞이 보이지 않는 터널 속으로 더욱 깊이 처박히는 느낌이었다.

2021년 11월.
감염자가 급속도로 증가하면서 우리 가족도 예외가 될 수는 없었다.

회사에 출근하거나 등교할 때면 언젠간 우리도 감염될 수 있다는 생각을 떨쳐내지 못했다. 결국, 아이들도 감염되고 아내와 나도 감염되는 불상사를 피할 수 없었다. 확진되면 일주일간 회사를 나가지 못하는 데다 방에 혼자 격리되는 만큼, 세상과 소통할 수 있는 수단은 스마트폰뿐이었다. 뉴스에서 연일 경제 악화 소식을 전하는 가운데 자영업자들의 눈물과 취준생들의 고통이 가슴속 깊이 와닿았다.

며칠간 방에 틀어박혀 불안한 경제 상황으로 도배된 뉴스를 보고 있자니, 노후 준비를 미처 해놓지 못한 나 자신이 원망스러워질 뿐이었다. 자격증 공부나 오프라인 수업을 신청해놓고도 회사 일이 바쁘다는 핑계로 참석하지 못하는 일이 빈번했으니까. 퇴근하고 또 어디론가 배움을 찾아 나서야 한다는 생각에 피곤함을 느껴서인지, 행동으로 옮기기가 어려웠다.

하지만 오프라인에서 온라인으로 변해가는 일상이 마냥 나쁘지만은 않으리라는 생각이 들었다. 홀로 있는 시간이 많아지는 게 오히려 나 자신을 향한 투자 기회가 될 수도 있다는 희망을 느꼈다. 평소 책을 쓰고 싶었던 꿈을 직장 일을 핑계하며 포기라는 가면을 쓰고 넘어갔던 순간들을 떠올렸다. 지금이 아니면 더 늦어질지도 모른다는 생각에 나는 컴퓨터 전원을 켰다. 그러고는 책 쓰기를 검색하기 시작했다.

2022년 7월.
인터넷을 검색해 책 쓰기와 관련된 블로그와 카페 글을 찾아봤다. 그런 후 전문적으로 배울 수 있는 곳을 알아내 상담을 신청했다. 그곳이 바로

〈한국책쓰기강사양성협회(한책협)〉였다. 나는 상담 날짜에 맞춰 〈한책협〉 센터를 찾았다. 나는 센터장인 김태광 대표님에게 오랜 직장생활에서 비롯된 무기력함, 코로나 시기에 밀려온 노후에 대한 걱정 등, 책 쓰기를 버킷리스트에 집어넣었던 내 갈망을 더 간절하게 만든 곡절을 털어놓았다.

대표님은 "지금 직장생활을 하며 느끼는 힘듦과 그것을 극복한 사례, 감정을 담아 책을 써보면 어떻겠나? 그렇게 해서 희망이 필요한 이들에게 긍정적인 꿈을 심어주면 어떻겠나?"라고 제안하셨다. 그리고 그 말씀을 주제로 나의 글쓰기가 시작됐다.

"오랫동안 꿈을 그리는 사람은 마침내 그 꿈을 닮아간다."

앙드레 말로(Andre Malraux)의 말처럼, 늘 내가 꿈꿔온 책 쓰기라는 버킷리스트가 본연의 모습을 활짝 드러내는 느낌이었다. 또한, 가족들과 함께 크루즈 여행을 떠나리라 간절히 마음먹어서였을까? 책 쓰기 강의를 듣는 중에 크루즈 여행을 아홉 번이나 다녀온 유튜버이자 《나는 100만 원으로 크루즈 여행 간다》의 저자인 권동희 작가님을 만나게 됐다. 그분에게서 크루즈 멤버십에 대한 정보를 얻으면서, 정말 우리가 알고 있던 크루즈 여행은 고정관념에 불과했다는 것을 깨닫게 됐다.

시간이 흐를수록 크루즈 여행이 멀고도 이루기 힘든 꿈이 아닌 가까운 현실로 느껴지기 시작했다. 권동희 작가님의 조언을 통해, 알려주시는 정보를 통해 크루즈 멤버십에 가입하면 가격을 할인받을 수 있다는 것을 알게 됐다. 그 정보를 바탕으로 나는 가족과 함께하는 크루즈 여행을 계획하기 시작했다. 〈한책협〉에서 듣고 있던 책 쓰기 강의를 통해 내 꿈을 실현할 길을 찾게 된 것이다.

나는 나의 이런 이야기들을 책에 담아 다른 사람들에게 희망과 용기를 전하고 싶었다. 코로나로 힘들어하는 사람들에게 내 버킷리스트와 그것을 이룬 경험을 이야기해준다면 조금이나마 위로와 격려가 되지 않을까, 싶었다.

2023년 3월.

책 쓰기를 시작한 지 8개월이 지났고 출판 계약도 이루어진 시점이어서 나는 내 책이 출간될 날만을 기다리고 있었다. 게다가 크루즈 가족 여행이라는 버킷리스트를 명확하게 꿈으로 설정하고, 그것을 이루려 노력하는 과정 자체에서 삶의 가치와 행복을 느끼고 있었다. 몇 개월간의 크루즈 멤버십 혜택을 받으며 7월부터 시작되는 아이들 여름방학에 맞춰 예약도 끝냈다. 가까운 아시아 크루즈 여행을 준비하는 매일매일 가족의 소중함을 더 느끼게 됐다. 크루즈 내에서 즐길 다양한 프로그램과 기항지 투어 정보를 찾아보는 것도 큰 즐거움이었다.

2023년 5월.

결국, 나는 〈한책협〉에서 배운 글쓰기를 통해 10개월 만에 내 이름으로 된 첫 책을 출간하게 됐다. 《불안 없이 완벽한 사람은 없다》라는 내 책이 여러 온·오프라인 서점에서 판매되기 시작했다. 많은 독자가 공감과 격려의 메시지를 보내오기도 했다.

이 모든 과정을 거치며 느낀 것은, 힘든 시기일수록 자신의 꿈과 목표를 찾아 앞으로 나아가야 한다는 사실이었다. 그 꿈을 이루기 위한 첫걸음이 바로 스스로의 결심과 행동에서 시작된다는 것도 깨달았다.

이제 내 목표는 책 출간을 기념하고 그 과정에서 얻은 자신감으로 두 번째 버킷리스트를 준비하는 것이다. 코로나 시기에 더욱 발전된 온라인 시스템으로 인해 여행을 준비하는 데 큰 어려움은 없었다. 서류를 모두 온라인으로 제출하게 되어 있어 쉽게 적응할 수 있었다.

2023년 7월.

드디어 꿈에만 그리던 크루즈 여행을 떠나는 날이 밝았다. 아내도, 아이들도 잠을 설친 듯 새벽부터 깨어 설렘 가득한 표정을 짓고 있었다. 몇 년간 해외여행을 다니지 못한 탓도 있으리라. 하지만 비행기를 타고 이동해야 하는 뚜벅이 관광과는 차원이 다른 여행이다. '바다 위의 리조트라고 불리는 크루즈를 타고 항해하는 기분은 어떨까?' 적잖은 기대감을 갖지 않을 수 없었다. 인천공항을 향해 달리는 차 안에서도 들뜬 기분을 감출 수 없었다. 처음이라는 긴장감보다는 버킷리스트를 이루는 날이라는 흡족함에 한껏 마음이 부풀어 있었다.

2시간의 비행을 거쳐 우리는 일본 도쿄 나리타 공항에 도착했다. 그런 후 짐을 찾아 예약해둔 밴을 타고 요코하마 항구로 이동했다. 항구에 도착하자마자 눈에 띈 것은 정박해 있는 크루즈의 웅장한 모습이었다. 그

높이와 길이뿐만 아니라 광활한 바다 위에 멈춰 서 있는 크루즈는 믿기 힘들 정도로 거대했다.

어른, 아이 할 것 없이 우리 가족은 난생처음 본 크루즈의 모습에 감탄사를 연발했다. 항구 안은 벌써 크루즈 탑승을 기다리는 수많은 관광객으로 북적였다. 여행 사전 준비를 통해 체크인 절차와 짐 보관 정보를 알고 있던 나는 큰 혼란 없이 과정을 마쳤다. 체크인하면서 받은 크루즈 키 카드는 크루즈 내에서의 모든 것을 가능하게 해주는 만능 키였다.

크루즈 내부로 들어가자 화려한 로비와 거대한 샹들리에, 그리고 중앙의 멋진 분수가 먼저 눈에 들어왔다. 아이들은 그 광경에 감탄하며, 이미 크루즈 내에서의 여행이 시작된 듯 흥분하고 있었다. 아내와 나도 같은 기분을 느끼며 크루즈 내부를 살펴봤다.

안전교육도 빼놓지 않고 시행되었는데, 이 또한 크루즈 여행에서 빼놓을 수 없는 경험이었다. 우리는 안전지침을 철저히 따르라는 주의사항과 함께 크루즈 내에서의 생활 방법, 이용 방법에 대한 교육을 받았다.

크루즈 내에는 레스토랑, 뷔페, 수영장, 영화관, 쇼핑몰, 스파, 피트니스 센터 등 다양한 시설이 갖춰져 있었다. 그리고 항해 중에도 크루즈 안에서 다양한 쇼와 이벤트가 진행되는 만큼 지루할 틈이 없을 것 같았다.

첫날 저녁은 크루즈 내 뷔페 레스토랑의 웰컴 디너로 시작됐다. 세계 각국의 요리가 준비되어 있어, 그 맛과 분위기에 흠뻑 빠져들었다. 그렇게 시작된 크루즈 여행은 매일 새로운 경험과 감동을 안겨주었다. 각기 다른 기항지 관광도 잊지 못할 추억이 되었다. 크루즈 안에서 경험한 여러 활동과 이벤트 또한 특별했다.

이 모든 경험은 내 버킷리스트를 이루는 과정 중 하나였지만, 그것만으로도 충분히 의미 있고 특별한 시간이었다. 책 쓰기와 함께 시작된 버킷리스트 여정인 크루즈 여행에서 가족들과 함께한 그 시간은 내 인생의 가장 소중한 추억의 하나로 남으리라 확신한다.

소보성

배낭여행은 이제 그만,
지금부터는 크루즈 여행

나는 어려서부터 여행을 많이 다녔다. 우리 가족은 내가 어릴 적 국내, 해외를 가리지 않고 많은 곳을 여행했다. 그런 만큼 여행을 통해 쌓아온 추억들도 적지 않다. 초등학교 4학년 때 태국에서 처음 타본 코끼리, 희한하고 작지만 맛있었던 몽키바나나, 스노클링에 매료됐던 하와이 와이키키 해변, 석양과 보트가 잘 어우러졌던 필리핀 보라카이 해변 등등. 우리 부모님은 자식들에게 많은 여행을 경험하게 해주셨고, 이를 통해 나는 여행이 주는 즐거움이 무엇인지 깨달을 수 있었다.

어린 나이였지만 나는 스스로 여행의 의미를 찾아냈다. 그리고 막연하지만 손꼽는 여행지가 생기게 됐다. 바로 유럽이었다. 어렸을 적 내가 생각했던 유럽은 고풍스럽고 중세 시대의 흔적들이 남아 있는 멋진 곳이었다. 유럽을 잘 알지는 못했지만, 어린 나이에도 유럽 여행을 하겠다는 일

념을 놓지 않았다. 나는 코 묻은 돈을 모으는 등 여행자금을 마련하기 시
작했다.

그러던 내가 어느덧 대학생이 됐다. 대학 입학 후 늘 유럽에 갈 기회를
엿봤지만, 시간이 나지 않았다. 심지어 대학교 2학년 때는 휴학한 후 2년
간 약대 편입을 준비하기도 했다. 더더욱 여행할 시간이 나지 않았음은 물
론이다. 그러다 약대 편입에 실패하고 복학 신청을 하게 됐다. 우연인지,
필연인지 개강 날까지 적지 않은 시간이 붕 떠버렸다.

그런 데다 우연히 방문한 고모 댁에서 이런저런 이야기를 나누던 사촌
누나와 매형이 나에게 유럽 여행을 권유해왔다. 나는 일주일 만에 영국행
비행기 표를 끊고 한 달간 유럽 여행을 떠났다. 급하게 비행기 표를 끊고,
걱정도 많았다. 혼자 해외여행을 가는 게 처음인 데다, 무려 한 달 동안의
여행이어서 막연한 두려움이 앞섰던 탓이다.

오죽하면 내가 내 손톱을 물어뜯기 시작했을까. '과연 내가 혼자 타지
에서 잘 지낼 수 있을까?', '내 물건을 도둑맞으면 어떻게 하지?' 등 일어나
지도 않은 일들을 미리 걱정하면서. 그러나 그런 고민은 런던 히드로 공
항에 도착하자마자 싹 사라졌다. 나는 마치 고삐 풀린 망아지처럼 신나게
거리를 돌아다녔다. 모든 게 새로웠고, 내가 가보고 싶었던 곳을 자유롭
게 갈 수 있다는 사실이 너무나 좋았다. 맨날 독서실에 앉아 공부만 하다
가 유럽에 와 자유롭게 돌아다니다 보니 더 그랬던 것 같다.

한 달간 총 6개국을 돌아다니며 먹고 싶은 것 먹고, 유럽 친구들과 대화
도 나누고, 가고 싶었던 곳을 마음껏 찾아다녔다. 그러면서 홀로 하는 여

행에 대한 두려움을 떨쳐낼 수 있었다. 용기를 내서 떠난 한 달간의 이 유럽 여행은 지금도 내 인생을 통틀어 가장 잘한 일 중 하나로 손꼽고 있다.

본격적으로 사회생활을 하기 전에도 나는 가족들과 종종 해외여행을 다니곤 했다. 여러 나라를 돌아다녔지만, 영화 〈아바타〉의 모티브가 됐다는 중국 장자제, 바다 위의 수천 개의 섬으로 이루어져 독특했던 베트남 하롱 베이가 그중 가장 기억에 남는다. 이렇게 계속 여행을 다니면서 나는 점차 내가 좋아하는 여행유형을 알 수 있었다. 바로 자연경관을 즐기며 자아를 성찰하는 여행이 그것이다. 어떤 여행을 하든 나는 그 여행을 통해 깨달음을 얻곤 했다.

혼자 여행할 때 가장 많이 나 자신을 성찰할 수 있었고, 자연경관을 보며 온갖 상념을 날려버릴 수 있었다. 여행을 통해 조금씩 성장해가는 나 자신을 느낄 수 있었다.

직장을 다니면서도 나는 어김없이 혼자 여행을 떠났다. 첫 직장에서는 연차를 사용해 일주일간 스페인에 다녀왔다. 당시 스페인을 여행하면서도 나는 대학생 때의 여행 습관을 버리지 못했다. 내 여행 스케줄을 본 지인들은 기겁했다. 대학생도 아닌데 왜 이렇게 빡빡하게 여행계획을 짰냐고 한마디씩 거들었다.

아니나 다를까. 30대가 되어선지 20대스러운 여행 스케줄이 버거워지기 시작했다. 나는 최대한 뺄 수 있는 일정은 빼면서 중간중간 쉬는 시간을 가졌다. 이때부터 나는 점차 여유로운 여행을 추구하기 시작했다. 몸이 힘들면 여행도 즐겁지 않다는 것을 새삼 느끼면서 말이다.

직장을 다니면서 돈을 벌어보니 시간만 있으면 어디든 갈 수 있겠다 싶었다. 다만 여유시간이 쉽게 나지 않았을 뿐. 자연경관을 좋아하는 나는 자연경관의 끝판왕인 호주에 꼭 가보고 싶었다. 첫 직장을 그만두고 새로 이직한 회사는 연말이면 일주일간 무조건 쉬었다. 휴가가 정해져 있는 만큼 여행계획을 세우기가 수월했다.

이때다 싶어 나는 연말에 호주 여행을 가리라 결심했다. 한여름 속 크리스마스를 느끼며 지인도 볼 겸 퀸즐랜드주 브리즈번으로 여행 가리라 계획을 세웠다. 계획한 대로 나는 즐겁게 호주에서 일주일을 보내고 왔다. 광활한 바다, 공룡이 나올 것만 같은 울창한 숲속, 다양한 동물들이 존재하는 호주였다. 과연 대자연의 끝판왕다웠다.

호주 여행 3일째였다. 브리즈번 동부에 있는 모레턴섬, 노스 스트라드브로크섬 방문을 위해 배를 타고 가는데 석양이 지고 있었다. 뉘엿뉘엿 지는 석양을 뒤로하고 섬 투어를 마친 후 배로 30분간 육지로 이동할 때였다. 노을빛에 바다가 모래알처럼 반짝이며 눈부신 하늘과 아름답게 조화를 이루고 있었다. 삼삼오오 뱃전에 나와 가족들끼리, 연인들끼리 한동안 모두 그 광경을 지그시 바라보고 있었다. 시원한 바닷바람이 내 머리를 스치고 지나갔다. 그때 느꼈던 아름다움, 아련함 그리고 여유로움은 평생 잊지 못할 것 같다.

나름 많은 여행을 해봐서인지, 내 머릿속에 더는 여행 가고 싶은 나라가 떠오르지 않았다. 그렇게 여행을 좋아하던 난데, 한 살 한 살 나이를 먹을수록 여행에 흥미가 떨어지는가 싶어 안타까웠다. 그러다 우연히 크루즈 여행을 알게 됐다. 63빌딩급 호텔이 바다 위를 돌아다니는 듯한 여행이라고 했다.

우리나라에서 크루즈 여행은 부자들의 전유물, 최소 몇백만 원이 있어야 갈 수 있는 여행으로 여겨져 왔다. 나도 그렇게 생각해왔고. 그저 그들만의 리그인 양 비현실적으로 받아들여졌던 게 사실이다. 그러다 크루즈 여행에도 최저가 사이트가 있고, 크루즈 멤버십에 가입하면 가성비 높은 여행을 즐길 수 있다는 사실을 알게 됐다. 그런 이상 크루즈 여행이 더는 내게 비현실적으로 비치지 않았다. 크루즈 여행은 누구든 갈 수 있는 여행이었다.

크루즈 멤버십에 들면 목돈이 드는 여행비를 걱정하지 않아도 된다. 매달 100달러씩 적금 붓듯 비용을 적립하다 보면 여행자금을 준비할 수 있기 때문이다. 또한, 매달 100달러씩 불입하면 추가로 100달러가 적립되어 여행자금을 2배나 빨리 모을 수 있다. 많아야 5% 정도 되는 은행 이자를 받겠다고 1, 2년 더 예금해둘지 고민하는 시대 아닌가. 그런데 매달 내는 금액만큼 추가로 적립된다면 100%의 이자가 붙는 셈이다. 크루즈 여행을 준비하면서 이 멤버십에 가입하기 않을 이유가 없었다.

물론 이 크루즈 여행은 자유 여행이 그 기반이다. 크루즈를 타기 위해 비행기를 예약해야 하고, 공항에서 크루즈 모항지까지의 교통편을 알아봐야 한다. 또한, 크루즈로 여행하다 도착하는 기항지에서는 하루 동안의 관광을 선택하게 될 수도 있다. 하지만 배낭여행과 비교하면 크루즈에서 보내는 시간이 더 많은 만큼, 적절한 휴식과 이동을 병행할 수 있게 된다.

그만큼 더 여행다운 여행이 크루즈 여행인 셈이다.

크루즈 멤버십을 알고 난 후 나는 곧바로 가입해 매달 100달러씩 불입하기 시작했다. 나는 아직 크루즈를 타본 적도 없고, 크루즈 안이 어떤지 경험하지도 못했다. 그러나 호주 브리즈번에서 배를 타고 가며 느꼈던 그 아름다움을 떠올리며 크루즈 여행은 이보다 더 멋지리란 기대감이 있었다. 또한, 결혼할 나이가 다가오면서 신혼여행을 크루즈 여행으로 하면 얼마나 좋을까, 상상하곤 한다.

호주를 다녀오고 나서 느낀 점이 있다. 좋은 것은 공유하고 나눠야 하며, 여행은 같이 다녀야 더 재미난다는 사실이다. 물론 나는 혼자 스스로를 성찰하며 돌아다니는 여행을 좋아한다. 하지만 때로는 홀로 하는 여행을 멈추고 함께하는 여행도 시도해야 좋지 않을까 싶었다. 이제는 머지않아 꾸릴 내 가족을 챙기며 여행을 다녀야 한다. 그러니 나 혼자만 즐거운 여행이 되어서는 안 될 것이다. 모두가 함께 즐거운 여행다운 여행이 되어야 할 것이다.

어찌 보면 나는 여행에 대한 관념이 변화할 즈음 크루즈 여행을 알게 된 셈이다. 이전까지는 배낭여행의 매력에 푹 빠져 살았다면, 앞으로는 크루즈 여행의 매력에 빠져 여생을 보내려 한다.

여행은 기획이다. 신혼여행을 지중해 크루즈 여행으로 정하다

대학생 때의 한 달간의 첫 유럽 여행을 통해 치열하게 여행하는 습관이 생겼다. 여행을 가기 전에 어떤 여행을 하리라 기획하고, 그 기획에 따라 어떤 장소를 택할지, 어떻게 즐길지 미리 구상하게 됐다. 그렇게 하고 여행을 떠나면 무엇보다 마음이 편안하다. 이때 부지런함은 기본이다. 빠르게 아침을 열 수 있는 것은 물론, 일정이 시작되면 그 누구보다 많이 돌아다닐 수 있기 때문이다.

자기 전에는 다음 날 생길 수 있는 모든 시나리오를 짜봐야 안심이 됐다. 가져간 짐을 잃어버리지 않기 위해 항상 신경 써야 했고, 어떻게 비용을 지출할지 계속 고민했다. 나 스스로 모든 것을 챙겨야 한다는 책임감에 생길 수 있은 일들을 철저히 기획한 배경이다. 이렇게 여행을 다니면서 확고하게 자리 잡은 관념이 있다. 기획이 여행의 전부라는 것.

어떤 콘셉트의 여행을 기획하느냐에 따라서 가고자 하는 행선지와 만나는 사람이 달라진다. 유럽에 가기 전 나는 유럽의 여러 문화를 체험하겠다는 기획하에 여행계획을 세웠다. 숙소를 잡을 때 한인 민박을 예약할 수도 있었지만, 정말 위험한 나라가 아니고서는 웬만하면 도미토리를 숙소로 예약했다. 유럽 친구들과 교류하기 위한 의도적인 선택이었다.

내 기획대로 나는 여행 중 자유로운 분위기 속에서 여러 유럽 친구와 대화를 나눌 수 있었다. 숙소 내 로비에서 여러 유럽 친구들과 대화할 기회를 얻기도 했다. 우리는 서로의 인스타그램 계정을 팔로우하며 각자의 여행 일정을 공유했고, 괜찮은 장소를 추천하고 추천받곤 했다. 스페인을 여행하면서는 함께 대화를 나눈 유럽 친구들과 재즈바에서 음악을 들으며 꿈을 주제로 이런저런 이야기를 나누기도 했다.

자연경관을 특히 좋아했던 나는 마음껏 자연을 느끼고 싶어 호주 여행을 기획하게 됐다. 호주 하면 대표적 도시인 시드니, 멜버른이 떠오를 테지만, 나는 동부의 퀸즐랜드 브리즈번에 다녀왔다. 당시 브리즈번으로 가기 전 비행기로 시드니를 경유해야 했는데, 갑자기 시드니에서 브리즈번으로 가는 비행기 편이 취소됐다. 그 바람에 4시간 동안 시드니에 강제 체류하게 됐다.

그때 예상치 않게 다녀왔던 본다이 비치는 환상적이었다. 에메랄드빛 바다와 탁 트인 반달 형태의 해변, 그리고 여유롭게 누워 태닝하고 있는 수많은 사람. 자연과 함께 휴식할 수 있는 여행 공간 그 자체였다. 이게 호주에 대한 내 첫인상이다.

브리즈번에는 주민들이 휴양차 자주 다녀오는 모레턴섬, 노스 스트라드브로크섬이 있었다. 근교에는 골드코스트도 있었고. 버스를 타고 모레턴섬 안으로 들어가 샌드비치에서 샌드보드를 타고, 섬 주변에서 스노클링을 하기도 했다. 섬 근처 바다에는 침몰한 배를 끼고 스노클링을 할 수 있는 영역이 있었다. 스노클링을 하다 보니 이곳이 하와이 와이키키 해변보다 더 아름답게 느껴졌다. 그 정도로 눈부시고 아름다운 바닷속 풍경을 자랑했다.

골드코스트를 여행하면서 본 골드코스트 해변은 광활함 그 자체였다. 거센 파도를 타며 수많은 서퍼가 서핑을 즐기고 있었다. 또한, 고층 빌딩들 옆으로 끝이 보이지 않는 해변이 펼쳐졌다. 골드코스트 마천루인 Q1 타워에서 바라본 골드코스트 전경은 마치 영화의 한 장면 같았다. 과연 호주는 자연경관의 끝판왕이었다.

사회생활을 하면서 부모님과 의미 있는 효도 여행을 해보고 싶다는 생각이 들었다. 하지만 마음만 있을 뿐 실행하기는 쉽지 않았다. 그러다 두 번째 직장으로 이직하고 나서 마음껏 여행하며 한 해를 보내리라 마음먹었다. 매번 생각만 해오던 효도 여행을 그해에 실천하기로 한 것이다. 효도 여행 하면 보통 부모님을 한꺼번에 모시고 가는 여행을 가리킨다. 그러나 나는 한꺼번에 부모님을 모시고 여행하고 싶지 않았다.

나는 부자(父子) 여행과 모자(母子) 여행을 따로 기획했다. 그게 나에게는 더 의미 있는 효도 여행으로 여겨졌기 때문이다. 그러한 효도 여행을 결심하곤 먼저 아빠와 엄마가 각각 어디를 가고 싶어 하시는지 파악했다. 아빠는 강원도 강릉의 바다 열차를 꼭 타보고 싶어 하셨다. 아빠의 소원을 이루어드리기 위해 부자 여행은 강릉에 가는 것으로 결정했다.

엄마는 지인들에게서 여수 여행 이야기를 자주 들으셨을뿐더러, 나에게서도 좋은 여수 여행 경험담을 많이 들으셨다. 그 때문인지 지난해부터 엄마는 전라남도 여수를 꼭 한번 가보고 싶다고 하셨다. 엄마의 기호를 고려해 모자 여행은 여수에 가는 것으로 결정했다.

여행 가기 두 달 전 나는 강릉과 여수의 숙소와 렌터카를 예약하고 맛집을 검색해 나갔다. 엄마와 아빠가 좋아할 만한 여행지의 관광 코스를 동선을 고려하며 찾아 나갔다. 나는 부모님 전담(?) 여행 가이드로서 부모님을 즐겁게 해드리기만 하면 됐다.

강릉 바다 열차 안에서 아빠는 연신 카메라로 바깥 풍경을 찍으셨다. 그 순간이 아빠에게는 너무 좋았던 듯하다. 나는 정동진역에서 레일바이크를 타면서 아빠와 함께 웃으며 바다를 바라보는 모습을 영상에 담았다. 그때의 행복해하던 부자의 모습이 아직도 영상 속에 그대로 담겨 있다. 여수에서 엄마와 함께 찍은 사진과 영상 속에도 행복해하는 엄마의 미소가 많이 들어 있다.

비록 해외로 나가거나 호화롭게 한 여행은 아니었지만, 엄마와 아빠와 각각 단둘이 간 첫 여행이라 행복했다. 효도 여행으로 기획한 모자 여행, 부자 여행 모두 성공적이었다. 첫 효도 여행은 이렇게 끝났지만, 나의 기획은 아직 끝나지 않았다. 다음 효도 여행으로는 부모님과 함께하는 크루즈 여행을 기획하고 있다. 가깝게는 일본, 좀 더 멀리는 동남아를 도는 크루즈 여행으로 말이다.

내 인생에서 머지않아 있을 큰 이벤트 중 하나는 결혼이다. 많은 사람이 신혼여행에 대한 로망을 하나쯤 갖고 있을 것이다. 나 역시 하와이로 가는 신혼여행을 꿈꿔왔다. 그러나 크루즈 여행을 알게 된 후 기존의 생각이 모조리 뒤바뀌었다.

'신혼여행으로 지중해 크루즈 여행이라면 어떨까?' 싶었다. 신혼여행지가 휴양지이기만 해도 재미없을 것 같았고, 너무 돌아다녀도 지치기만 할 것 같았다. 대안으로 적당한 휴식과 액티비티가 섞인 크루즈 여행이 좋아보였다. 또한, 우리나라에서는 아직 신혼여행으로 크루즈 여행을 선택하는 사람이 별로 없는 듯했다. 그러니 남들과 다르게 신혼여행을 즐긴다는 특별함도 느낄 수 있으리라 봤다.

이런 생각을 하게 된 이후 나는 지중해 크루즈 여행을 조금씩 기획하고 있다. 지중해 크루즈는 3월부터 12월까지 운항하는데, 4~5월이 여행하기 가장 좋은 시즌이라고 한다. 이 시기에 맞춰 신혼여행을 가면 너무 좋겠다는 생각이 든다.

크루즈 멤버십을 통해 나는 매달 100달러씩 적금 붓듯 여행자금을 모아가고 있다. 적립된 포인트로 발코니룸을 예약한 후, 크루즈 안에서 먹고 싶은 음식을 마음껏 먹는 나를 상상하고 있다. 아침에 일어나면 발코니에서 눈부신 일출과 푸른 바다가 어우러진 광경을 지켜볼 것이다. 그렇게 하루를 시작하고, 석양이 질 때쯤 크루즈 선상에 올라 사랑하는 사람과 붉게 물들어가는 노을을 바라볼 수도 있겠지. 그런 여유로움을 느끼는 여행이 됐으면 싶다.

밤에는 크루즈 안에서 펼쳐지는 다양한 공연을 보며 색다른 문화생활을 즐길 수도 있을 것이다. 이뿐만이 아니다. 그때그때 머무는 기항지에서는 각 도시를 돌아다니며 도시별 문화를 흠뻑 느껴볼 수도 있을 것이다. 선상 위와는 또 다른 체험이 되지 않을까 싶다. 적절한 휴식과 이동을 병행할 수 있는 크루즈 여행인 만큼 완벽한 신혼여행 이벤트가 되리라 본다. 생각만 해도 설렘으로 가슴이 콩닥콩닥 뛴다.

매달 200달러씩 2년 정도 적립하면 2인 크루즈 여행 비용은 해결될 것이다. 지중해 크루즈 여행 비용으로는 1인 150~180만 원 정도면 해결할 수 있다. 비행기 삯과 기항지 투어에서 사용할 경비만 있으면 그 외에는 크게 신경 쓸 게 없다. 좋은 여행지로 신혼여행을 가려면 기본 1,000만 원 정도의 비용은 들겠지 생각했다. 그런데 크루즈 멤버십을 통한 크루즈 여행은, 비행기 삯에 따라 조금은 다를 수 있겠지만, 미리 준비만 한다면 1인 200만 원 이내로 갈 수 있겠다 싶다. 가성비 최고의 여행 아닌가.

우리나라에는 아직도 이런 크루즈 멤버십을 모르는 사람들이 많다. 그런 사실이 안타까울 뿐이다. 어느 여행지를 가든 쉽게 우리나라 사람들을 볼 수 있는 만큼, 여행 하나는 진심인 게 한국 사람들 아니던가.

신혼여행을 앞둔 사람으로서 나는 앞으로 많은 사람이 신혼여행으로 크루즈 여행을 선택했으면 한다. 좋은 것은 공유하고 널리 알려야 한다고 믿기 때문이다. 지중해 크루즈 여행 기획에 쏟아붓고 있는 내 열망이 이 책을 통해 많은 사람에게 전달됐으면 좋겠다.

최영연

한시라도 빨리 체험하고 싶은
크루즈 라이프

나는 30대 초반부터 크루즈 여행이 조금씩 궁금했다. 크루즈에 관심을 기울이게 된 계기는 우연한 기회에 인스타그램을 통해 크루즈 동영상을 보면서였다. 나는 과거에 크루즈를 요트나 여객선보다 조금 더 큰 배 정도로만 알았었다. 그런데 영상 속 크루즈 내부에는 롯데월드 같은 놀이동산이 있었다. 백화점도 있었고, 호텔급 수영장도 있었다. 크루즈의 이런 화려함은 그야말로 내 상상을 초월했다.

그 영상을 계기로 크루즈 여행이 내 버킷리스트에 오르게 됐다. 그래도 내게 크루즈 여행은 당장 이루고 싶은 꿈은 아니었다. 맨 마지막으로 미루어도 섭섭하지 않을 버킷리스트 항목이었다. '나이 들어 돈이 모이면 그때 천천히 가야지' 하는 게 내 생각이었다. 나 역시도 다른 사람들처럼 크루즈 여행을 죽기 전에 딱 한 번쯤 가는 여행이라고만 치부한 것이다.

그렇게 버킷리스트에 '크루즈 여행'이라는 다섯 글자를 적어놓은 채 몇 년을 흘려보냈다. 나는 그동안 직장 다니랴, 육아하랴, 아등바등 사느라 '크루즈 여행'이라 적어놓은 버킷리스트 항목을 까마득히 잊고 있었다.

아이를 출산하고 나서 나는 바로 방송국에 복귀하지 않았다. 대신 아이를 내 손으로 키우고 싶어 1년간의 육아휴직을 신청했다. 그런데 육아휴직계를 내고 집에 있는 동안 나는 심한 산후우울증에 시달리게 됐다. 단 하루만이라도 좋으니 어디로든 떠나고 싶었다. 조용한 호텔에서 혼자 있고 싶었다.

나는 이런 내 생각을 친구에게 들려주었다. 그러자 친구는 내가 걱정됐는지 함께 해외여행을 가자고 제안했다. 처음에 나는 갓난아이를 두고 친구와 해외여행을 간다는 것은 엄마로서 해서는 안 될 이기적인 행위라고 생각했다. 혼자 여행을 가면 아이가 너무 보고 싶고, 안고 싶고, 그리워 견딜 수 없을 것만 같았다.

남편은 산후우울증 때문에 힘들어하는 나를 안쓰러워했다. 무엇을 어떻게 해주어야 할지 몰라서 늘 미안해하기만 했다. 그런데 산후우울증에 시달려본 엄마들은 알겠지만, 이 병은 남편의 노력이 먹히는 치유 영역이 아니다. 엄마 스스로가 이겨내야 한다. 남편은 "아이를 내가 며칠 전담해서 보겠다. 그러니 아이 걱정하지 말고 친구들과 함께 해외여행을 다녀오라"라고 나를 부추겼다. 나는 이런 남편이 너무나 고마웠다.

그렇게 걱정 반, 설렘 반을 안고 친구들과 코타키나발루로 떠나는 4박 5일간의 여행을 준비하기 시작했다. 우리는 각자 다른 나라, 다른 도시에서 코타키나발루로 떠났다. 나는 서울에서 비행기에 탑승했고, 친구들은 각각 중국 북경, 상해에서 출발했다. 우리는 당일 출발해 당일 각자 다른 시간대에 코타키나발루에 집합했다. 이런 만남은 우리에게도 거의 몇 년 만의 일이었다. 너무나도 반가웠다.

급하게 친구들을 조합해 떠났던 여행이지만, 이 여행은 지금도 내 인생에서 가장 행복했던 여행으로 남아 있다. 여행 중간중간 아이가 너무 보고 싶어 울고 싶을 때도 있었지만, 질질 짜느라 여행을 망치고 싶지는 않았다. 이왕 여행을 왔으니, 오로지 여행과 나에게만 집중하고 싶었다. 아이가 보고 싶은 마음 그 이상으로 즐겁게 여행하다가 돌아가자 마음먹었다. 생각을 바꾸니 여행하는 매 순간이 너무 즐겁고 행복했다. 우리는 여행 중에도 다음 여행지를 생각하며 꼭 자주 함께 여행을 다니자고 약속했다.

코타키나발루에서 우리는 샹그릴라 탄중아루 호텔에 묵었다. 이 호텔은 코타키나발루에서도 끝내주는 뷰를 자랑하는 곳이었다. 나는 아직도 생생히 기억한다. 호텔 발코니를 통해 우리가 매일 바라봤던 에메랄드빛 바다를. 게다가 매 길 녘 미주하는 저녁노을은 황홀함 그 자체였다. 마치 하늘에 CG를 입힌 것같이 경이롭고 아름다웠다. 그 노을을 배경으로 로맨틱한 야외결혼식이 날마다 진행되기도 했다.

나는 그 바다를 보면서 친구한테 우리 나중에 꼭 같이 크루즈 여행을 가자고 이야기했다. 크루즈 여행이 구체적으로 어떤 것인지도 모른 채 말이다. 그렇게 행복했던 4박 5일간의 여행이 끝나고, 우리는 다시 각자의 삶으로 돌아갔다.

　나는 대기업에 들어가면 부자가 되는 줄 알았다. 그러다 어느 순간 직장은 내 것이 아니며, 나를 영원히 책임져주지 않는다는 사실을 깨닫게 됐다. 나는 더 많은 돈을 벌기 위해 뷰티 사업에 뛰어들었다. 처음에는 부업으로 시작했지만, 나중에는 뷰티 사업에만 올인하게 됐다.

　내 사업의 타깃은 글로벌 시장이었다. 그중에서도 가장 큰 중국 시장이었다. 처음 하는 사업인지라 나는 수많은 시행착오를 겪어야 했다. 하지만 넘어지면 일어서고, 넘어지면 일어서고 하면서 끝내 성공을 맛봤다. 나는 이 사업을 통해 큰돈을 벌었다. 내 이름으로 된 아파트를 샀고, 벤츠도 샀다. 나는 30대에 내 꿈을 이루었다.

　경제적 자유가 생기자 시간적 자유도 같이 따라왔다. 덕분에 이탈리아, 발리, 다낭, 파타야, 쿠알라룸푸르, 싱가포르 등 해외여행을 짬짬이 다닐 수 있었다. 파타야로 여행 갔을 때 2층짜리 크루즈에서 저녁 식사를 하기는 했지만, 짧은 시간이었다. 그렇게 진짜 크루즈 여행에 도전해볼 생각을 미처 하기도 전에 참 많은 시간을 또 흘려보냈다.

　그러던 어느 날, 나는 번아웃을 겪게 됐다. 너무나도 무기력한 나 자신을 느껴야 했다. 어떻게든 극복해보려고 발버둥 쳤다. 그러다 한번은 휴게실에서 '책은 어떻게 쓰나요?'라고 검색하게 됐고, 그것을 계기로 〈한국책쓰기강사양성협회(한책협)〉를 알게 됐다. 그곳에서 권동희 작가님도 만나게 됐다.

과거 나에게는 롤모델이 없었다. 그런데 권동희 작가님은 내가 찾던 롤모델과 너무나도 흡사했다. 나는 권동희 작가님이 쓴 책을 모두 구매했다. 그중에는《나는 100만 원으로 크루즈 여행 간다》라는 책도 있었다. '아니, 크루즈 여행을 단돈 100만 원에 갈 수 있다고? 어떻게?' 나는 제목만 보고도 사실 참 많이 놀랐다.

내가 알고 있는 크루즈 여행은 평범한 사람들이 갈 수 있는 여행이 아니었다. 나는 크루즈 여행이 상위 1%의 부자들만 갈 수 있는 여행이라고 지레짐작하고 있었다. 한번 크루즈 여행을 하려면 몇천만 원대의 비용이 든다고 생각했으니까. 사람이 죽기 전에 한 번쯤 가봐야 하는 여행. 나도 다른 사람들과 똑같이 크루즈 여행을 그렇게 생각하고 있었다.

나는 자지도 않고 이른 새벽까지 이 책을 단숨에 읽어 내려갔다. 권동희 작가님은 30대부터 크루즈 여행을 다니기 시작했다고 한다. 현재까지 총 열네 번의 크루즈 여행 기록을 세웠다는 것도 다른 경로로 알게 되었다. 제일 부러웠던 것은 지금도 가족 3대가 함께 크루즈 여행을 다닌다는 것이었다. 그것도 1년에 네 번씩 말이다.

나는 책을 읽어보고 미처 몰랐던 정보들을 많이 알게 됐다. 책에는 30대 초반에 인스타그램 영상을 보며 눈을 떼지 못했던 화려한 크루즈의 전모가 구체적으로 담겨 있었다. 크루즈 여행에 관한 한 베테랑인 권동희 작가님이 직접 쓴 책이라서 그런지 너무나도 신뢰가 갔다. 이 책을 덮으면서 나도 다음 해 초에 가족들과 크루즈 여행을 가리라 결심했다. 그리고는 크루즈 여행을 함께 가자고 약속했던 친구에게 연락을 취했다.

"우리 크루즈 여행 가볼까?"

"너 예전부터 크루즈, 크루즈 하더니. 나 기다리고 있었어. 어떻게 가는 데?"

"내가 한번 알아볼게. 100만 원으로 여행 가는 방법이 있대!"

"정말이야? 네가 잘 알아봐. 우리 내년에 꼭 같이 가자."

친구와 나는 크루즈 여행에 대해 이런저런 대화를 나누며 어린아이처럼 행복해했다. 우리 마음은 이미 크루즈 여행을 하고 있었다. 며칠 뒤 나는 책을 들고 직접 권동희 작가님을 찾아갔다. 작가님에게 이 책을 읽게 된 자초지종을 설명하는 한편, 책을 들고 작가님과 함께 기념 촬영도 했다. 나는 친필 사인도 부탁드렸다.

"최영연 작가님, 더 크게 누리세요. 함께 크루즈 여행 갑시다!"

권동희 작가님이 사인과 함께 책에 써준 글이다.

권동희 작가님 말씀처럼 크루즈 여행은 더는 은퇴하고 돈이 많아지면 갈 수 있는 여행이 아니다. 당장 떠날 수 있는 여행이다. 누구나 국내 여행 하듯 떠날 수 있다. 생각해보니 다 맞는 말이다. 가장 건강하고 가장 젊은 지금 당장 떠나야 한다. 나는 한시라도 빨리 가족, 친구들과 함께 크루즈 라이프, 귀족 라이프를 체험해보고 싶다.

가족의 특별한 추억이 될
크루즈 여행, 꼭 떠나자!

나는 부모님을 모시고 이 나라, 저 나라로 가족 여행 가는 게 소원이었다. 친구 중 하나는 해마다 두 번씩 해외든, 국내든 가족 여행을 다녀오곤했다. 그 친구는 여행 전에 늘 부모님을 위해 소소한 이벤트를 준비했다. 여행 중 가족끼리 특별한 추억을 남길 수 있도록 똑같은 색깔의 티셔츠나 모자 같은 것을 맞춤 제작하는 식이었다. 혹은 재미있는 문구가 적힌 플래카드를 제작해 여행 중에 이용하기도 했다. 나는 그런 그 친구가 참 부러웠다.

"나중에 엄마, 아빠가 퇴직하면 시간이 많이 생길 거야. 그때 우리 꼭 함께 여행 많이 다니자."

나는 엄마, 아빠의 이 말을 믿었다. 함께 가족 여행을 가는 것은 내 소원이기도 했지만 엄마, 아빠의 소원이기도 했기 때문이다. 부모님에게는 퇴직 이후 가족 여행을 갈 수 있는 시간적 여유가 생겼다. 나는 부모님을 모시고 여행 갈 수 있는 경제적 여유가 생겼다. 하지만 소원과 현실은 많이 다르다는 것을 느꼈다.

우리 부모님은 맞벌이 부부였다. 나는 그런 부모님이 영원히 젊고 건강하실 줄 알았다. 하지만 퇴직 이후 엄마, 아빠에게는 편찮은 곳들이 나타나기 시작했다. 아빠는 고혈압, 엄마는 저혈압과 협심증으로 힘들어하셨다. 더불어 두 분 다 무릎과 발이 불편해서 오래 걸으면 관절에 자주 통증이 오곤 했다. 게다가 현재 우리 부모님은 중국에서 살고 계시고, 우리 가족은 한국에서 살고 있다. 우리 가족은 여태껏 참 안타깝게도 단 한 번의 가족 여행도 다녀온 적이 없다.

누군가가 만약 나에게 인생에서 가장 후회되는 일이 무엇인지 물어본다면, 부모님이 건강하실 때 함께하지 못한 가족 여행이 가장 후회된다고 말하고 싶다. 또 누군가가 만약 나에게 요술램프의 '지니'에게 가장 부탁하고 싶은 소원이 무엇인지 물어온다면, 역시나 1순위로 가족 여행을 꼽고 싶다. 누군가에게는 평범한 가족 여행이 나에게는 이토록 간절하고 특별한 일이라는 사실이 참으로 안타까울 뿐이다.

"엄마가 살아보니 이 나라, 저 나라 여행을 못 다녀본 게 정말 아쉬워. 너는 꼭 시간을 잘 짜서 여행 많이 다녔으면 좋겠어. 인생을 즐기면서 살

아. 엄마 아빠처럼 한평생 일만 하며 살지 말고."

엄마는 편찮으신 후로 나에게 유독 여행을 많이 다니라고 강조하셨다. 우리가 어렸을 때 엄마, 아빠는 경제적으로 넉넉지 않아 여행 같은 것은 엄두도 내지 못했다며, 너희는 더 큰 세상을 많이 보고 여행하고 즐기면서 살라고 덧붙이셨다.

나는 가끔 이런 생각을 해본다. '부모님이 젊고 건강할 때 가족 여행을 많이 다녀라. 그래야 인생을 살며 후회가 없을 테니', 이런 인생 도리를 학교에서 일찍이 배웠다면 얼마나 좋았을까, 라고. 그랬다면 거창하지는 않아도 부모님과 함께 가까운 곳이라도 짬짬이 여행을 다녔을 텐데. 그럼 적어도 못 가본 가족 여행이 이렇게 후회되지는 않았을 텐데 말이다.

나는 여행을 갈 때면 엄마, 아빠 생각이 참 많이 난다. 특히, 여행 중 맛있는 것을 먹을 때마다 '엄마, 아빠도 함께 와서 같이 먹었으면 참 좋을 텐데'라는 생각을 자주 하게 된다. 그래서인지 나에게는 최근 여행을 다닐 때마다 엄마, 아빠를 위해 미션처럼 꼭 해내려고 하는 일이 생겼다. 바로 매일 개인 블로그에 여행 일기를 쓰는 일이다.

2023년 5월, 나는 이탈리아로 5박 6일간 여행을 간 적 있다. 이 여행 중에도 나는 매일의 일정을 끝내고 호텔에 돌아오면 부랴부랴 씻은 후 블로그에 여행 일기를 기록했다. 오늘은 몇 시부터 어디를 갔는지, 거기서 무엇을 봤고 무엇을 느꼈는지, 어떤 에피소드들이 기억에 남아 있는지, 오늘 여행하는 동안 기분은 어땠는지 등등. 생각이 흘러가는 대로 자유롭게 글을 써 내려갔다. 거기에 매일 찍은 사진까지 첨부해 올리면 꽤 그럴듯한 여행 일기가 만들어졌다.

유럽 여행은 시차에 적응해야 해서 동남아 여행에 비하면 몸이 매우 피곤했다. 그럼에도 불구하고 나는 매일 잠을 줄이면서까지 여행 일기를 완성했다. 그리고 블로그의 링크를 엄마한테 전달하고 나서야 하루를 마무리했다.

나는 엄마 아빠가 이렇게 내 여행 일기를 통해 간접적으로라도 이탈리아 여행을 체험하길 바랐다. 이 작기만 한 내 노력에도 엄마는 너무 행복해하셨다. 엄마는 매일 내 여행 일기 링크를 기다리셨다. 여행 일기를 다 읽고 나면 항상 재미있는 피드백을 길게 작성해서 보내주셨다. 여행 중 엄마의 피드백을 읽어보는 재미도 아주 쏠쏠했다. 그래서인지 이탈리아 여행은 엄마, 아빠와 함께한 듯한 느낌이 많이 들어 매우 만족스러웠다.

나는 책《나는 100만 원으로 크루즈 여행 간다》의 저자 권동희 작가님의 여행 라이프가 정말 존경스럽다. 그중에서도 내가 가장 부러운 것은 가족 3대가 함께 여행을 다닌다는 점이다. 게다가 일반 여행도 아니고 초호화 크루즈 여행이다. 크루즈 여행은 사실 부모님들의 로망이자, 우리 모두 꿈꾸는 여행이지 않은가. 크루즈 여행에 관한 한 베테랑인 권동희 작가님은 나에게는 효녀를 구분 짓는 최고의 표상이다. 내가 하지 못하는 효도 여행을 멋지게 해내는 권동희 작가님이 정말 존경스럽다.

지난해 추석 때 권동희 작가님은 가족 3대와 함께 MSC 크루즈 9박 10

일 여행을 떠났다. 크루즈 여행 중에도 권동희 작가님은 유튜브 라이브를 진행했다. 나 역시도 알람을 설정해놓고 바다 위의 크루즈 생활을 보여주는 권동희 작가님 라이브를 시청했다. 라이브에는 함께 여행 중인 권동희 작가님의 여덟 살 아들도 등장했다. 나도 재빨리 여덟 살 딸을 불러 함께 라이브를 시청했다.

그러자 아이는 자신도 저기에 가서 놀고 싶다고 했다. 자신도 크루즈를 타고 바다 위를 여행하고 싶다고 말했다. 나는 권동희 작가님의 라이브도 재미있었지만, "우와! 우와!" 리액션하는 딸의 반응도 참 많이 즐겼다.

사실 나는 아이와 함께 해보고 싶은 꿈이 있다. 나는 아이와 함께 유튜브 채널을 운영하고 싶다. 나는 과거 방송국 프로듀서로 일했다. 그러다 보니 태교도 프로듀서의 생활에 맞춰서 하게 됐다. 매일 방송국에서 프로듀서, 작가들과 프로그램을 기획하고, 연예인들과 회의하고, 촬영장에서 일하고, 감독하고, 편집에 참여하고, 더빙 작업을 하곤 했다. 이외에도 해외 촬영 때문에 몇 번이나 비행기를 탔는지 모른다. 이러한 내 일상이 태교를 빙자해 고스란히 아이에게 전달된 듯하다.

내 딸 수아는 일곱 살 때부터 휴대전화를 만지작거리기 시작했다. 그리고 그때부터 벌써 고사리손으로 영상 편집하는 일에 취미를 보였다. 가르쳐주지도 않았는데 영상을 찍는 데 필요한 콘티를 짜고 대본을 쓸 줄 알았다. 내 딸 수아는 유튜브 〈흔한 남매〉의 팬이다. 가장 만나보고 싶어 하는 사람 역시 흔한 남매다. 그 외에도 유튜브 〈간닌닌 패밀리〉와 같은 일상을 자신의 유튜브에 담는 게 가장 해보고 싶은 일이라고 한다.

아이의 이런 꿈을 응원하고 싶어 영상편집 수업을 신청해 듣게 한 적이 있다. 나는 그때 영롱하게 반짝이던 아이의 눈빛과 집중력을 잊을 수 없다.

시작이 반이라고 했다. 큰 힘과 의욕을 투자하기보다는 아이와 함께 보내는 일상을 영상에 담고 싶다. 유튜브가 계기가 되어 우리 부부는 아이와의 추억을 더 쌓으려고 노력할 것 같다. 어쩌면 바쁘다는 핑계로 함께 해보지 못했던 것도 해보려고 할 듯하다. 여행도 많이 가보려 할 것 같다. 그중 아이와 가족이 함께하게 될 크루즈 여행이 가장 기대된다.

지난해 나는 중국 출장 자리에 마침 여름방학 중인 아이를 데리고 갔다. 특별한 추억을 만들어주고 싶은 마음에 여가를 활용해 중국 스튜디오를 찾아가 사진을 찍어주었다. 아이는 너무나 행복해했다. 중국어를 잘 못 하면서도 신기하게 촬영기사와 보디랭귀지로 모든 의사를 소통했다. "이렇게 찍어주세요. 저렇게 찍어주세요. 찍은 거 체크할게요"처럼 말이다.

아이의 이런 성향을 지켜보면서 나는 아이에게 유튜브를 더 빨리 더 많이 하게 해주어야겠다고 생각했다. 이 아이에게 인풋과 아웃풋을 동시에 알게 해주고 싶었다. 소비자의 삶뿐만 아니라, 생산자의 삶도 어릴 때부터 알게 해주고 싶다는 욕심이 생겼다고나 할까.

아이와 함께 유튜브 채널을 운영하면 너무나 행복할 것 같다. 누구한테 보여주기 위함이 아니다. 그저 아이와의 추억을 기록할 수 있다는 게 가장 큰 행복일 것 같다. 나중에 아이가 크면 이는 아이에게 엄청난 자산이 되어 줄 것이다. 아이가 어른이 됐을 때 아빠와 엄마가 자신을 얼마나 사랑했는지도 알게 되지 않을까. 나 역시도 크루즈 여행 동안 책도 읽고, 여행일기도 쓰고, 아이와 함께 유튜브도 하면 너무나 행복할 것 같다. 이게 바로 내가 원하는 디지털노마드의 삶이지 싶다.

내가 크루즈 여행을 기대하는 데는 아이에게 어학교육을 시켜주고 싶은 마음도 들어 있다. 크루즈 여행을 하는 분들 대부분은 아직 아시안들보다는 서양인들이라고 한다. 그러므로 아이와 함께 크루즈를 타면 여행도 하며, 그 안에서 어학연수도 자연스럽게 하게 되리라 믿는다. 또한, 아이와 함께 유튜브를 찍는 과정에서 아이의 기획력도 늘고 EQ도 높아질 것이다. 그 과정에서 아이는 스스로 계획을 짜 움직이며 성장하리라 믿는다.

바쁜 와중에도 아이는 추억을 담은 영상들을 보면서 어린 시절을 떠올릴 것이다. 우리 부부도 나이가 들어 할아버지 할머니가 되면, 이런 유튜브 영상들이 세상에서 가장 아름다운 보물이 되어 주지 않을까.

세상에는 우리가 모를뿐더러 놓치고 사는 고급 정보가 정말 많다. 정보가 곧 돈인 세상이다. 하지만 주위를 둘러보면 이런 정보들을 우리에게 알려준 수 있는 사람이 없었던 것 같다. 내가 빨리 먼저 체험하고 주위에 크루즈 여행을 알리며 선한 영향력을 행사하고 싶어 하는 이유다. 특히, 부모님이 젊고 건강하실 때 꼭 가족 여행을 다니라고 강력하게 말하고 싶다.

마지막으로 이 책을 읽는 독자분들 모두가 세상을 축제처럼 살기 바란다.

제나

돈과 시간의 여유가 있을 때란 늦었다는 의미다

당신은 언제가 가장 여행하기 적당한 시기라고 생각하는가? 나는 여행을 떼어낸 내 삶을 생각해본 적이 없을 정도로 여행을 좋아하고 즐겼다. 나는 교수나 연구원이 되는 게 꿈이었다. 왜냐하면 대학교는 여름방학이 2개월, 겨울방학이 3개월 정도 되니까. 그리고 아주 단순하게 수업이 없는 방학 동안 교수들은 출근하지 않아도 된다고 생각했으니까. 학기 중에는 열심히 일하고, 방학 동안에는 자유롭게 해외여행을 다니는 삶. 그런 삶을 살 수 있다면 너무 멋지리라 생각됐다. 내가 원하던 삶이었고.

대학원생 신분일 때 나는 시간 강사 일도 하면서 대학원 공부를 해나갔다. 대학원에서는 프로젝트를 진행하면서 실험하고 논문 쓰는 생활이 반복됐다. 대학교수로 임용되기 위해서는 저명한 저널에 실린 논문 실적이 필수였다. 그래서 나는 밤낮없이 실험하고 논문 쓰는 데 전념했다.

그렇게 작성한 논문을 해외학회에 제출하고 인정받으면 논문 발표차 학회에 가곤 했었다. 논문 발표 후에는 며칠 더 머물며 여행했고. 그 시간은 그동안 밤잠 설쳐가며 실험하고 논문을 써 내려간 내 노력에 대한 보상이었다. 이렇게 해외학회에 한번 다녀오면, 힘든 대학원 생활을 버텨내는 데 많은 도움이 됐다.

시간 강사 일과 대학원 생활을 동시에 하면서 나는 말을 많이 하는 직업이 나에게 맞지 않는다는 것을 알게 됐다. 그래도 여행하는 삶만큼은 포기할 수 없었다. 내가 학위 취득 후, 두 번째 꿈이었던 연구원이 된 배경이다. 말을 많이 하지 않아도 되고, 온종일 실험실에서 실험하고 논문을 쓰는 생활이 너무 좋았다. 그냥 연구만 할 수 있다는 게 천국 같았다.

연말이면 연구원들은 학회에 실린 논문과 새로운 개발로 따낸 특허로 당해 연도 업적을 평가받았다. 1년 내내 연구만 할 수 있는 환경이었다. 나는 연구를 통해 얻은 실험 결과를 바탕으로 논문을 쓰고, 해외학회에 발표하러 가는 생활, 연구와 여행을 병행하는 생활을 하며 꿈을 이루어 갈 수 있었다. 그런 연구원의 삶이 너무나 만족스러웠다.

사람이 자신이 좋아하는 것을 얼마나 지속하며 살 수 있을까? 나는 주말부부에 아이를 혼자 키워야 하는 워킹맘이다. 아이가 생기면서부터 내 생활과 모든 생각의 우선순위가 아이로 바뀌었고, 연구원 생활을 더 이어가기 힘들어졌다. 재택근무가 가능한 현재의 직장으로 이직하게 된 이유다.

문제가 있다면 해외 출장이 정말 드물다는 것이었다. 아이를 키우는 동안은 다른 생각하지 않고 일하며 아이를 키울 수 있다는 데 만족하며 살아왔기 때문이다. 그렇게 14년을 보내고 보니, 지금 내가 무엇을 위해 살고 있는지, 내 인생에 '나'라는 존재가 과연 있는지 의문이 들기 시작했다. 남은 것은 엄마, 아내, 딸, 며느리, 직장인의 역할뿐이었다. 그에 따른 의무와 책임만을 떠맡은 채 달려온 '나'만 남아 있었다. '나'의 행복과 내가 원하는 것 따위(?)는 뒤에 놓아둔 채 말이다.

이런 자각이 들자, 나는 내 삶의 우선순위를 어디에 둘지 생각해보게 됐다. 이는 내가 무엇을 좋아하고, 어떤 것에 가슴 설레어 했는지, 무뎌진 내 감정을 다시금 추스르는 계기가 됐다.

나는 시간이 나면 여행하는 사람이 아니라, 시간을 내서라도 여행하는 사람이었다. 그런데 아이가 생기고, 육아하며 직장에 다니는 워킹맘이 되고 보니, 여행을 위한 시간을 특별히 내려 하지 않게 됐다. 시간이 나더라도 나를 위한 여행을 한다는 게 쉽지만은 않았다. 너무 오랫동안 가슴속 깊은 곳에 내 욕망을 잠재우고 살아온 것이다.

그렇게 나는 내 삶이 반 이상은 차지했던 여행을 잊고 살아왔다. 기껏해야 여름휴가 때 한번 패키지 여행을 시도하는 정도였다. 한번은 아이가 기어 다닐 때쯤 아이를 데리고 일본으로 자유 여행을 간 적이 있었다. 결혼하기 전 자유롭게 여행을 다녔던 나는 아이를 데리고 자유 여행을 하는 게 당연하다고 생각했다. 그런데 과연 이게 아기를 데리고 자유 여행을 떠난 핑계가 될 수 있을까.

아기를 데리고 여행을 가보니 그 선택은 정말 큰 모험이었다. 여행 갈 나라, 도시, 호텔, 항공, 교통편, 식사 등을 정할 때면 최대한 아이에게 맞춰야 했다. 아이의 짐이 어른 짐보다도 많았고, 호텔을 옮길 때마다 아기를 위해 챙겨야 할 게 너무나 많았다.

무엇보다 아이가 컨디션이 안 좋거나 아플까 봐 신경이 곤두섰다. 아이가 아프기라도 하면 호텔에 계속 머물러야 하는데, 호텔 안에서 할 수 있는 게 아무것도 없었다. 모든 상황을 계획대로 제어하기도 쉽지 않은 일이었다.

아이가 열이라도 날까, 배탈이라도 날까, 언제 어떤 돌발 사태가 벌어질지 예측할 수 없는 상황이 계속됐다. 그런 긴장 속에 내내 있다 보니, 여행을 마치고 돌아왔을 때 행복했다기보다는 '이렇게 고생하느니 차라리 안 가는 게 낫겠다'라는 생각이 들었었다. 그 당시만 해도 여행이 아니라 고생으로 기억되던 추억이었다. 그런데 그로부터 15년이 흐른 지금, 고생했던 기억보다는 행복했던 기억만이 남아 있는 듯하다. 그때의 사진들을 흐뭇하게 들춰 보고 있는 나 자신을 발견할 때면 말이다.

사람들 대부분은 여행 가자고 하면 '시간이 없네', '경제적 여유가 없네' 하며 여행을 망설이거나 미루는 것 같다. 자녀가 학교에 다니기 시작하면 가정체험학습을 신청하고 여행을 갈 수도 있다. 하지만 그것은 큰 결심을 요하는 일이다. 여행에 '자녀의 시간'이라는 고려 사항이 하나 더 추가되기 때문이다. 가정체험학습을 갔다 온 이후 그간 빠졌던 수업 진도를 빼야 하고, 보지 못한 쪽지 시험이나 단원 평가를 점검해야 하는 등 누적된 과제 해결 부담을 아이 혼자 져야 하기 때문이다.

이에 대해 선배 엄마들은 이렇게 말하곤 한다. 중학생 학부모는 초등학생 엄마들에게 "중학교 올라가면 수업을 빼먹기 부담스러워져. 그러니 초등학교 다닐 때 가정체험학습 많이 가!"라고 말이다. 그런데 그 엄마들이 고등학생 자녀의 엄마가 되면 중학생 엄마들에게 "중학교 다닐 때 가정체험학습 가도록 해. 고등학교에 올라가면 아예 가기 힘들어!"라고 강조한단다.

우리는 이렇게 항상 지나고 나서 '지금'은 갈 수 없었던 이유를 댄다. '그때 갔었어야 해'라고 후회하며 아쉬워한다. 이처럼 사람들은 과거에 하지 못했던 것을 후회하며, 그 깨달음을 바탕으로 여행에는 '때'가 있다고 생각하게 된다. 그게 바로 지금 여전히 여행을 가지 못하는 이유다.

'돈 좀 모이고, 시간도 여유로워지면 여행 가야지!'라고 생각했던 사람들은 여행을 잘 다니고 있을까? 여행을 다녀보지 않았던 사람은 시간과 돈이 있어도 어떻게 여행해야 할지 모른다. 돈이 없을 때는 돈을 버느라 시간이 없다. 여행 가고 싶은 마음과 열정은 넘쳤을 테지만 말이다. 그들은 여행 가고 싶은 마음과 욕망을 꾹꾹 누르며 "돈 모일 때까지만 참자!"라고 외쳤을 것이다. 현재의 행복을 포기한 채 돈 모으는 데만 온 힘을 쏟았을 것이다.

그렇게 돈을 모으려고 젊음을 바쳐 일하며 현재의 행복을 포기했던 사람들에게 돈의 여유도 생기고, 은퇴해 시간도 많아지는 때가 올 것이다. 그때 과연 그들은 예전의 그 마음, 여행에 대한 열정과 욕망을 그대로 간직하고 있을까? 그대로일 수도 있고, 아닐 수도 있지만, 이제는 돈과 시간의 문제가 아닌 다른 문제로 여행을 망설이게 될 것이다. 나이가 들어서야 다음과 같은 사실을 깨달을 테니까. 여행은 돈과 시간만 있다고 갈 수 있는 게 아니라는 것을 말이다.

젊은 나이에는 왜 그것을 몰랐을까? 나는 나이가 들면서 새로운 도전에 대한 용기가 점차 줄어드는 것을 느꼈다. 그리고 용기가 사라진 자리에 반비례해 두려움이 들어선다는 것을 느꼈다. 나이가 들면 새로운 것을 대할 때 두려움 대신 따로 용기를 내야 한다는 문제에 맞닥뜨리게 되는 것이다. 또한, 체력과 건강이 새로운 문제로 대두된다. 마음과 열정만 따진다면 누구든 세계 일주뿐만 아니라 우주여행도 가능하리라 자신할 것이다. 그러나 여행을 앞두고 자신을 점검하다 보면 그 자신이 얼토당토않다는 것을 뼈저리게 느낄 것이다.

여행도 버릇이고 습관이다. 여행을 다니던 사람은 여행을 준비하는 데 그리 많은 시간이 들지 않는다. 거창한 마음가짐도 필요하지 않다. 그냥 가고 싶어서 가는 것일 뿐이다. 하지만 여행을 다니지 않던 사람에게 여행을 가려고 마음먹고 나서 밟아야 하는 절차는 복잡다단하게 느껴질 뿐이다. '여행을 가겠다는 마음'을 먹는 것부터 여행에 필요한 결정을 내리는 것 모두 일처럼 느껴질 것이다. 여행이 부담으로 다가오는 것이다. 그러면 여행을 여행답게 즐길 수 없게 된다.

나는 고등학교, 대학교를 기차로 통학했다. 기차 타고 등하교하는 생활을 오래 하다 보니 그게 습관에 버릇이 된 듯하다. 어디를 간다는 게 그렇게 멀게 느껴지지도 부담되지도 않는 것을 보면. 굳이 따로 마음먹지 않아도 '가자' 하는 마음이 들면 그냥 가게 된다. 그것도 다 버릇과 습관에서 비롯된 게 아닐까 생각한다.

"오늘 할 일을 내일로 미루지 마라!"라는 격언이 있다. 사람들은 '할 일'에 대해서는 내일로 미루면 안 된다고 그렇게 목소리를 높이면서도 왜 '행복'만큼은 내일로 미루는지 이해가 안 된다. 그렇게 행복을 미뤄왔던 사람들 대부분은 그 사실을 후회하며 안타까워한다. '그때 할걸!', '그때 갈걸!', '그때 했었으면 좋았을 텐데!'라고 말이다. '가장 중요한 때란 바로 지금, 가장 중요한 사람은 바로 지금 나와 함께 있는 사람'이라는 말도 있지 않은가.

지금 행복하지 않으면, 미래의 행복을 위해 현재의 행복을 포기하면, 미래에 행복한 순간이 주어져도 그게 행복인지 깨닫기 어려울 것이다. 행복을 체험해보지 않았기 때문이다. 특히, 아이를 키우는 동안 많은 사람이 다음과 같은 경험을 했을 것이다.

자녀가 아기일 때는 '젖병이라도 떼면 가야지. 짐이 너무 많아!', '걸음마라도 떼면 가야지' 한다. 그러다가 아이가 막상 걸어 다닐 수 있게 되면, 어린이집의 일정을 맞추는 일부터 그때그때 여행을 미루어야 하는 일들이 꼭 생겨나게 마련이다. 비록 오늘의 문제가 내일 해결된다고 하더라도, 내일은 또 내일의 문제가 기다리고 있지 않을까.

책《괜찮아, 그 길 끝에 행복이 기다릴 거야》에서 손미나 작가는 이렇게 말했다.

"나는 내 인생에서 시골길을 택해 천천히 걷고 있을까? 아니면 그 반대일까? 진정 원하는 건 숲속의 길이면서 실제로는 고속도로 위를 헤매고 있진 않은지. 이 길 위에서 내가 물어야 하는 숙제 중의 하나임이 분명했다."

여행 다니는 멋진 노후를 위해 지금을 포기하고 있지는 않은지, 미래를 위해 일하고 있지는 않은지, 지금 행복을 누리고 싶은 욕망을 누르고 있지는 않은지 생각해봐야 할 시점이 아닐까.

'언젠가'가 아니라
'지금'이다

　'언젠가'는 언젠가일 뿐, 현실이 되지 않는다. '언젠가' 할 수 있는 일이라면 '지금'도 가능한 일이다. 바로 '오늘'이 그렇지 않을까? 내 남은 인생에서 가장 젊고, 가장 건강한 날일 테니까. '여행', 그것도 힘이 있어야 재미있게 할 수 있고, 열정이 있어야 가슴 설레며 즐길 수 있지 않을까. 나중에 벌어놓은 돈과 시간으로 때우며 따라다니는 여행, 끌려다니는 여행 하지 말고, '지금' 가슴 설레고 행복한 여행을 시작해보라고 하고 싶다.

　《삶 껴안기》의 저자 황창연 신부는 '당신은 하고 싶은 일을 하고 있는가?'에서 강의 중에 "여러분, 여행은 가슴이 떨릴 때 가야지 다리가 떨릴 때 가면 안 됩니다"라고 말했다고 이야기한다. 그러면 한바탕 웃고 나서 이런 답변이 돌아온다고 한다. "말씀은 좋은데 아이들 공부도 시켜야 하고, 결혼도 시켜야 하고, 해야 할 일이 많으니 나중에 갈게요."

이런 답변에 대해 그는 이렇게 말한다.

"하지만 나중은 없습니다. 세상에서 가장 허망한 약속이 바로 '나중에'입니다. 무언가 하고 싶으면 바로 지금 하십시오. '현재'는 영어로 'present'인데, 이 단어엔 '선물'이라는 뜻도 있습니다. 우리에게 주어진 '현재'라는 시간 그 자체가 선물입니다. 오늘을 즐기지 못하는 사람은 내일도 행복할 수 없습니다. 오늘을 기쁘게 살 줄 모르는 사람에게 20년 더 살 기회를 준다 해도 의미가 없습니다. 그러니 매일매일을 감사하는 경이로운 날들로 만들어야 합니다."

나는 '지금' 행복하기로 마음먹고 나서 나의 '오늘'을, 매일매일을 나에게 선물해야겠다고 생각했다. 내가 가장 먼저 여행을 가리라 결심한 배경이다. '여행'이란 여행 가기로 마음먹은 순간부터가 여행이다. 목적지를 결정하려고 생각에 잠기는 순간, 항공권을 검색해보는 순간, 이 모든 순간순간이 가슴을 설레게 하기 때문이다. 지금, 이 글을 쓰고 있는 순간에도 가슴이 두근거린다.

이런 나의 설렘과 두근거림이 내 딸들에게도 고스란히 전달된 듯하다. "엄마와 여행 갈래?"라고 묻자마자 날아갈 듯이 기뻐하는 것을 보니. "따라다니는 여행 말고 마음대로 다니는 여행을 하고 싶다"라고 외쳐대면서.

나는 오래전부터 스페인에 가고 싶었다. 우리 딸들도 스페인에 너무 가고 싶어 했다. 그렇게 해서 '여행 갈래?'라는 물음으로 시작된 대화는 순식간에 목적지를 결정하기에 이르렀다. 오늘, 아니 지금부터 나와 나의 딸들의 여행은 시작된 것이다.

너무 오랫동안 자유 여행을 해보지 못해서인지, 자유 여행에 대한 두려움이 생겨버렸다. 항공권이야 최저가 항공을 검색해서 왕복으로 예약하면 되리라. 하지만 이동하는 지역마다 호텔에 머물게 될 테니 그 기간만큼 접근성, 가성비, 치안 등을 고려해 예약해야 한다. 이동 수단도 어떤 것을 선택할지 매번 결정해야 한다. 들르는 도시마다 무엇을 사 먹을 것인지도 결정해야 한다. 그런데 이는 모두 기본적인 것들이다. 그 밖에도 고려해야 할 사항들이 너무 많다.

그러다 이 모든 것을 한 방에 해결하는 방법이 있다는 것을 알게 된 순간, 우리는 모두 "유레카!"를 외쳤다. 그건 바로 '크루즈 여행'이다. 여행의 끝판왕이 '크루즈 여행'이라고 하지 않던가. '크루즈 여행'부터 검색에 나서자, 다양한 크루즈 선사가 주르르 달려 나왔다. 숙박, 이동 수단, 먹거리까지 한꺼번에 해결되는 여행이라니. 이거야말로 여행 초보자들도 어렵지 않게 접근할 수 있는 자유 여행이다 싶었다. 게다가 여행 내내 캐리어를 쌌다 풀었다 반복하지 않아도 된다니. 그리고 캐리어를 끌고 이동하는 대신 캐리어를 자신의 객실에 놔두어도 된다고 하니, 이 얼마나 편리하고 효율적인가.

가족과 나들이하든, 1박 2일 여행을 가든, 어떤 형태의 여행을 해도 딸들은 항상 따라만 다녔다. 여행에 관한 한 딸들은 늘 수동적이었다. 그런데 얼마나 신났으면 이렇게까지 적극적으로 정보를 찾아볼까? 그 모습을 보니 아이들에게 '지금' 행복하게 사는 법을 체험시킨 것 같아 흐뭇했다.

아이들은 먼저 '지중해 크루즈'를 검색하고, 그중에서 '스페인, 바로셀로나' 여정을 포함하는 크루즈 상품 위주로 찾아봤다. 그러고 나서 크루즈 루트를 모두 프린트해 일일이 비교해보는 것이었다.

"엄마, 이탈리아, 프랑스, 스페인을 다 돌아볼 수 있어서 더 좋은데?"
"엄마는 어떤 게 제일 나아?"

아이들의 질문이 끊임없이 이어졌다. 이렇게 오래 대화가 오가는 게 얼마 만인지 모르겠다. 그 밖에도 크루즈에서 즐길 수 있는 액티비티에는 무엇이 있는지, 레스토랑의 종류는 얼마나 다양한지, 크루즈 내에서만 할 수 있는 것으로는 무엇이 있는지, 기항지에 내려서는 어디를 갈 것인지 등등, 궁금증이 폭발한 아이들은 밤을 새워서라도 정보를 찾아볼 기세였다.

그런 딸들의 모습이 내게는 너무나 신기하게 다가왔다. 그렇다, 하고 싶은 게 있으면 누가 시키지 않아도 자발적으로 한다는 말은 사실이었다. 아이들도 이런 체험과 경험들을 쌓다 보면 지금, 현재 행복을 누리는 것을 자연스럽게 생각할 것이다. 여행 가기로 마음먹었을 뿐인데, 아이들도 나도 커다란 변화를 겪고 있었다. 나는 아이들의 적극적인 태도에 놀라며, 아이들도 시키기만 하기보다는 무슨 일이든 하고 싶은 마음이 생기게 해야겠다는 깨달음도 얻었다.

그런데 현실적으로 아이들이 학교에 다니고 있다는 사실을 무시할 수는 없었다. 기말시험을 고려해 지난해 11월 말쯤으로 일정을 잡았다. 이 글을 쓰던 지난해의 시점에서는 2개월 정도 남았었다. 시간이 촉박한 관계로 마감된 크루즈도 많아서 선택권이 그리 다양하지는 않았었다.

크루즈 여행은 마음먹었다고 당장 갈 수 있는 게 아니었다. 원래 크루즈 여행을 다니는 사람들은 보통 1년 전, 늦어도 6개월 전에는 예약을 해놓는다고 한다. 그래야 모항지로 가는 항공권도 저렴할 때 미리미리 다 예매해놓을 수 있을 테니까. 최소한 3개월 전에는 예약을 완료해야 한다고 하니, 인기 많은 크루즈 상품이 벌써 마감된 것은 당연한 일이었다.

우리는 지중해 크루즈 상품을 선택하는 것도 중요하지만, 모항지로 데려다줄 항공권 예매가 가능한 날짜도 고려해야 한다는 것을 알았다. 새로운 사실을 하나씩 하나씩 알아갈 때마다 아이들도, 나도 미지의 세계를 발견한 것처럼 신기해했다.

항공권 검색을 위해 먼저 항공권 검색 사이트에 어떤 것들이 있는지 알아보아야 했다. 그런 후 내가 원하는 최적의 티켓을 사기 위해 이것저것 방법을 궁리해야 했다. 그렇게 직접 부딪쳐 보는 것만으로도 아이들에게 새로운 공부가 된다는 사실에 나는 또 한 번 놀랐다. 이런 건 수학 문제를 많이 푼다고 알 수 있는 것도, 영어 단어를 많이 외운다고 알 수 있는 것도 아니기 때문이었다.

나는 어떤 문제에 부닥쳤을 때 그 해결 방법을 궁리하고 직접 체험하는 게 진짜 공부라는 사실을 몸소 깨달았다. 솔직히 누구나 알고 있는 사실이긴 하지만, 지난번 기회에 확실하게 알게 된 것이다. 나에게 학교 공부, 즉 국·영·수만 파고들어 성적만 잘 나오면 된다는 편견이 있었다는 사실도 깨달았다.

이런 체험, 다양한 경험을 통해 문제 해결 능력을 길러주는 것이야말로 정말 참교육이 아닌가 싶었다. 우리 아이들이 그 산증인이 아닐까 싶었고. 나는 우리 아이들이 새로운 문제에 직면했을 때 두려움 없이 잘 헤쳐 나가리라 믿었다.

우리는 각자 기항지를 한 나라씩 맡았다. 기항지 투어 때 가고 싶은 곳과 꼭 방문해야 할 곳, 먹어야 할 음식과 디저트, 기념품으로는 무엇이 좋은지 등의 정보를 찾아 공유하기 위해서. 이런 행위만으로도 우리는 충분히 설레고 행복했다. 왠지 그 나라에 갔다 온 기분이랄까. 떠나는 날까지 이런 설렘과 행복은 계속되었다. 여행 기간 내내 행복했을뿐더러 여행을 마치고 난 후에는 흐뭇하게 추억을 반추하고 있다.

나는 이제부터 아이들과 여행을 통해 추억을 하나둘씩 쌓아나가려 한다. 부모는 아이들이 어릴 때는 아이들의 재롱을 보며 행복을 느끼고, 아이들이 성장해 독립해 나가면 아이들과 쌓은 추억을 떠올리며 행복을 되새긴다고 한다. 나도 아이들과의 추억을 많이 만들어나가야겠다는 생각이 절실해졌다. 정말 이 말이 맞는 것 같다. '지금' 행복해야 '나중에'도 행복할 수 있다는 말 말이다.

진정 행복해지고 싶다면, 가만히 앉아 누가 나를 행복하게 해주기만 바라지 말고, 스스로 행복을 찾아 누려야 하리라. 그러려면 지금 당장 행복한 일을 만들어야 하겠고. 나중은 없다. 지금이 나에게 주어진 최고의 선물임을 잊지 말아야 한다.

삶의 중반을 넘기면서 뼈저리게 느끼는 게 있다. 과연 '내가 정말 하고 싶어 하는 일을 하면서 살아왔는지', '내가 지금 진정으로 행복한지' 스스로에게 물어봐야 한다는 것 말이다. 어른들 대부분은 그러지 못했다는 것을 깨달을 것이다. 늦지 않았다. 지금부터라도 정말 하고 싶은 일을 찾고, 지금 진정 행복을 느끼도록 해주는 게 무엇인지 찾으면 된다. 그것을 찾아가는 과정 또한 행복이지 않을까 싶다.

나와 아이들은 지금 진정 행복한 게 무엇인지 찾아가는 첫 스텝으로 크루즈 여행을 선택했었다. 우리에게 주어진 최고의 선물인 '지금', 두 번째 크루즈 여행을 준비하며 그 '지금'을 설렘으로 가득 채우려 한다.

김수경

태어난 김에
대가족 크루즈 여행 가기

나는 2023년에 처음으로 가족들과 함께 중국 하이난으로 해외여행을 다녀왔다. 우리 가족은 총 15명이다. 매년 여름이 되면 온 가족이 모여 같이 휴가를 떠나곤 한다. 이는 우리 가족이 으레 갖는 여름철 행사다. 그러나 전 가족 해외여행은 지난번 여행이 처음이었다.

처음에는 아빠, 여동생 가족과 나만 가려고 했다. 그런데 여행 상품 가격이 워낙 싸게 잘 나왔었다. 지장 인에 묶여 있는 3명이 사는 아쉽지만 빼고, 나머지 우리 가족은 중국으로 향했다. 날씨가 꽤 습하고 더웠지만, 아이들은 온종일 지치지도 않고 물놀이를 했다. 지치기는커녕 오히려 행복해 보였다. 늘 혼자 계시면서 외로움을 많이 타셨던 아빠도 식사를 잘 드시고 얼굴에는 웃음꽃을 피우셨다.

나는 텔레마케터로 일하면서 해외여행을 갈 기회가 꽤 많았다. 평소의 내 사고방식은 국내도 좋은 곳이 많은데 무슨 해외까지 나가 돈을 쓰냐는 식이었다. 그러나 한 번 해외에 나갔다 온 후로는 '같은 돈이라면 해외여행을 가자'라고 생각하게 됐다.

회사에서는 매년 해외여행을 보내주었다. 동남아뿐만 아니라 호주, 몰디브, 하와이까지 다 공짜로. 최고의 대접을 받으며 아주 편하게 다녀온 여행들이었다. 그렇게 해외여행을 갔다 올 때마다 가족들이 많이 생각났다. 여행은 어디를 가는지보다 누구와 가는지가 더 중요한 것 같다. 물론 직장동료들도 너무 좋지만, 사랑하는 내 가족들과 함께 꼭 해외여행을 해보고 싶었다.

2016년 가을에 엄마가 갑자기 심장마비로 우리 곁을 떠나셨다. 돌아가시고 나니 잘 못 해드린 것만 못내 생각났다. 엄마가 살아계실 때 해달라고 하는 것은 거의 다 해드렸다. 사고 싶은 것, 드시고 싶은 것을 마음껏 누리시라고 카드도 드렸다. 자식 카드라 쉽게 사용은 못 하셨지만, 뭐 하나 예쁜 옷이라도 살라치면 그렇게 행복해하셨다.

나는 엄마가 행복해하시는 모습을 보는 게 참 좋았다. 힘든 형편에도 나를 이렇게 예쁘고 착하게 잘 키워주신 엄마 사랑에 늘 감사했다. 그런데 엄마는 젊을 때 너무 고생을 많이 하셔서 무릎이 안 좋으셨다. 가까운 데라도 여행을 가시자 할라치면 손사래만 치셨다. 계모임 친구들과는 잘 다니시면서 내가 가자고 하는 여행은 왜 항상 마다하셨을까? 지금도 엄마 속을 잘 모르겠다.

엄마와 단둘이 여행 한번 못 가본 게 그렇게 한이 된다. 직장 동료들이 친정엄마를 모시고 여행 갔다 오는 모습이 나는 세상에서 제일 부럽다. 엄마와는 그러지 못했지만, 아빠가 살아계실 때 함께 마음껏 여행해보고 싶은 게 내 꿈이다. 직장인인 한 그런 자유는 허락되지 않지만 말이다. 그래서 빨리 성공해 경제적 자유인이 되려고 노력하는 중이다.

만성 폐쇄성 폐질환을 앓는 아빠는 조금만 움직여도 숨을 가쁘게 몰아쉬신다. 다리에도 힘이 없어 조금만 걸어도 힘들어하신다. 시간이 없다. 하루라도 더 건강하실 때 이 넓은 세상을 마음껏 보게 해드리려면. 그래도 나와 단둘이 가는 것보다는 사랑하는 가족들과 함께하는 여행이 더 멋진 추억으로 남지 않을까. 빨리 경제적인 부를 이루어 돈 걱정 없이 우리 가족 모두 함께 크루즈 여행을 떠났으면 싶다.

〈한국책쓰기강사양성협회(한책협)〉에 등록하고 책 쓰기를 배우면서《나는 100만 원으로 크루즈 여행 간다》라는 책을 읽게 됐다. 1인당 100만 원 정도면 크루즈 여행을 갈 수 있다고 했다. 상품값에 호텔 비용과 매일 세 끼 식사 비용, 심지어 중간중간 먹는 간식값, 매일 달라지는 공연비, 각종 액티비티 시설 이용료까지 포함되어 있다고 한다. '이런 신세계도 있구나' 하며 나는 놀라움을 금치 못했다.

크루즈 멤버십 가입부터 한 후 사랑하는 우리 가족들과 함께 좋은 추억을 꼭 만들고 싶다. 후회 없는 인생을 살고 싶다. 움직이기만 해도 숨차하시는 아빠에게도 크루즈 여행은 최고의 여행이 될 것이다.

사랑하는 가족들과 해외에서 아름다운 추억을 쌓으려면 소요 경비를 마련해야 한다. 가족 중에는 경제적으로 풍요로운 집이 있는가 하면, 한 달 벌어 겨우 한 달 살아가는 가족도 있다. 서로 부담되지 않게끔 내가 이들 모두의 여행경비를 대려 한다. 지금도 나는 매일같이 내 꿈을 상상하고, 이루어졌다 믿으며 살아가고 있다. '나는 써도 써도 돈이 넘쳐나는 부자다. 내가 이루지 못할 일은 없다'라고 되뇌면서.

경제적인 부를 이루기 위해서는 내 분야의 최고가 되어야 한다. 자유 또한 있어야 한다. 요즘 의식이 확장된 내 머릿속에는 부와 성공 생각뿐이다.

에스더 힉스(Esther Hicks)와 제리 힉스(Jerry Hicks)는 《유인력 끌어당김의 법칙》에서 "그것이 원하는 것이든 원치 않는 것이든 관계없이, 당신은 항상 자신이 생각하고 있는 대상과 본질이 같은 걸 얻게 된다"라고 했다.

지금 자신이 생각하고 있는 것은 얼마 후 현실에 모습을 드러내게 된다. 어떤 것을 생각하는 순간, 우주는 그것을 끌어오기 위한 버퍼링을 시작한다. 그래서 나는 습관적으로 더 나은 삶을 창조하려고 매일 상상을 멈추지 않는다. 나는 이미 성공한 부자임에 감사하면서 기쁘게 앞으로 나아간다. 돈을 따라가는 사람이 아니라 돈을 지배하는 사람이 되리라 되뇌면서.

체력도 꾸준히 관리할 것이다. 건강하지 않으면 돈이 아무리 많아도 무용지물이니까. 여행 또한 내 건강이 허락되지 않으면 즐겁지 않을 것이다.

운동뿐만 아니라 컨디션 조절에도 최선을 다하려 한다. 아빠의 건강이 더 악화하지 않도록 운동도 권하고 건강식품도 아낌없이 지원할 것이다.

살아계실 때 부모한테 불효했던 사람들이 돌아가시고 나서 효도에 나서는 것을 많이 봐왔다. 하지만 돌아가신 다음 효도하는 게 무슨 의미가 있을까? 나는 그들처럼 평생을 후회하며 살고 싶지는 않다. 살아계실 때 최선을 다해 부모를 공경하리라 마음먹는다. 돈 걱정 없이 마음껏 전 세계를 크루즈로 여행하며 넓은 세상을 보게 해드리리라 다짐한다.

우리 대가족 모두 함께 크루즈 여행을 가면 너무 행복할 것 같다. 사랑하는 사람들과 함께 해외 각 나라의 문화를 체험하며 맛있는 것을 먹고 즐겁게 대화하는 삶…. 이런 세상이 천국 아닐까. 생각만 해도 가슴이 터질 듯 행복하다. 평생 내 편인 내 가족들과 함께하는 크루즈 여행은 그 자체로 행복 아닐까.

나는 내가 가족들에게서 받았던 사랑을 필요한 사람들에게 아낌없이 나눠줄 것이다. 사랑은 받아본 사람만이 베풀 줄도 아는 것이라 했으니.

나는 베스트셀러 작가도 되고 최고의 텔레마케터 코치도 될 것이다. 그러고 나서 언제든지 나를 원하는 사람들에게 달려갈 것이다. 나는 16년 동안 텔레마케터로 일하며 많은 경험과 지식을 쌓아왔다. 마음이 힘든 사람이 있는가? 아낌없이 품어줄 테다. 경제적으로 힘든 사람이 있는가? 의식을 바꿔 주고 돈 버는 방법을 가르쳐 줄 테다.

나 또한 〈한책협〉을 몰랐더라면 늘 힘들기만 한 인생을 버텨내듯 살았을 것이다. 내 내면은 보지 못하고 평생 부모 탓, 남 탓, 환경 탓만 했을 것이다. 그런 나에게 〈한책협〉은 단순히 책 쓰기를 가르치고, 작가를 만들어 주는 곳만은 아니다. 한 사람의 인생을 바꿔 주는 곳이다. 〈한책협〉에서는 늘 당신은 특별하다고 말해준다. 자존감이 쑥쑥 올라가는 것은 당연지사 아닐까.

나도 〈한책협〉 대표님처럼 하나님이 주신 귀한 달란트를 나 혼자만 독식하려 들지 않을 것이다. 내 도움이 필요한 모든 사람에게 아낌없이 나눠 줄 것이다.

우연히 나를 찾아온
크루즈 여행

나는 책 쓰기를 하면서 유난히 크루즈 여행에 관심이 많이 갔다. 정말 저 가격에 갈 수 있다고? 사실이었다. 직접 갔다 오신 작가님들은 크루즈 여행을 이야기할 때마다 얼굴에 생기가 넘쳤고 흥분했다. 또한, 다시 가고 싶다는 소리를 많이 하셨다. 하지만 생각만 하고, 고민만 하다 보면 아무 것도 할 수 없으리라. 1톤의 생각보다 1그램의 행동으로 옮기는 자가 성공한다고 했다

나는 곧바로 〈한책협〉 권동희 대표님을 통해 크루즈 멤버십에 가입했다. 매달 100달러 불입 시 그 2배를 적립해준다는 것은 다시 들어도 신세계였다. 정보가 바로 돈이라는 말은 정말 맞는 말이었다. 사실 크루즈 여행은 나이 들고 돈 많은 사람이나 다니는 여행으로만 알고 있던 터였다.

여동생이 여행사에서 근무하고 있다. 사람들은 빚을 내어서라도 여행을 가는 듯했다. 코로나 팬데믹에서 벗어나면서 여행 예약이 미친 듯이 쏟아져 들어오고 있다고 했다. 입사 이래 이렇게 바빠 본 적은 처음이라고 했다. 경제가 어렵다고 해도 떠남의 욕망을 채워주는 여행은 누구나 가고 싶어 하는 것 같다.

예전에 비해 가까운 동남아 패키지 여행도 엄청 높은 가격에 판매된다고 했다. 그래도 가격을 묻지도 따지지도 않고 해외로, 해외로 나간다고 했다. 동생은 "돈 없다는 거 다 거짓말"이라고 주워섬겼다. 올해 예약은 벌써 싹 다 찼다면서. 비싸더라도 떠나고 싶은 욕망을 채워주는 여행. 빚을 내서라도 그 여행을 떠나는 사람이 가격도 싸면서 가성비도 좋은 크루즈 여행에 맛들이면 어떻게 될까?

여행사에서 제시하는 지중해 크루즈 여행 비용은 항공권 포함 1인당 500만 원이 넘는다. 그런데 인크루즈 멤버십에 가입해 2배로 비용을 적립해놓으면, 항공권값을 따로 지불한다고 하더라도 훨씬 저렴하게 크루즈 여행을 할 수 있다. 럭셔리 여행의 끝판왕이라고 하는 크루즈 여행을 나이 들어 휠체어를 타고 가는 게 아니라, 젊을 때 가슴이 설렐 때 부모님을 모시고 편하게 다녀올 수 있는 것이다.

여행은 어디를 가느냐보다 누구와 가느냐가 중요하다고 했다. 사랑하는 가족들과 한 공간 안에서 여행의 즐거움을 누릴 수 있다면 그곳이 바로 천국 아닐까.

크루즈 여행은 비교 가능한 육상 휴가보다 더 많은 가치를 느끼게 해준다. 크루즈와 함께라면 누구나 세계를 여행하며 세계 최고 수준의 서비스를 받을 수 있다. 숙박, 고급 식사, 세계적 수준의 엔터테인먼트 등 한 차원 높은 즐거움을 모두 누릴 수 있을뿐더러 편안하고 편리하다. 크루즈 여행 멤버십을 구독한 지는 얼마 안 됐다. 하지만 빨리 크루즈를 타고 해외로 나가고 싶은 마음뿐이다.

가족과 여행하다 보면 구성원 모두의 비위를 맞추는 게 쉽지 않은 일로 다가온다. 그래서인지 가족 여행을 갔다 올 때마다 모두가 만족하지는 못했다. 그런데 크루즈 여행은 우리 대가족이 가기에 정말 안성맞춤일 것 같았다. 사랑하는 가족과 함께할 크루즈 여행이 너무 기대된다.

가족들에게 크루즈 여행이 어떤 것인지 알려주기 위해 나는 내가 먼저 여행을 다녀오기로 했다. 사실 크루즈 여행 경험이 없는 나로서는 크루즈 여행이 얼마나 좋은지 알려주는 게 쉽지 않았다. "다단계 아니냐?", "사기 아니냐?", "적립만 시켜놓고 도망가는 것 아니냐?" 등등 가족들은 별의별 소리를 다 해댔다. 너무 싸니까 믿기 어려워서 그러는 것 같았다.

그래서 나는 올 3월에 지중해 크루즈 여행은 최대한 시간을 내어 다녀올 작정이다. 내가 몸소 경험하고 느껴봐야, 나도 다른 작가님들처럼 신나게 설명할 수 있을 것 같아서다. 나도 보험 텔레마케터로 오랜 기간 일해왔지만, 사실 나를 통해 보험에 가입하는 것보다 고객이 직접 보험에 가입하는 게 훨씬 저렴하다.

크루즈 멤버십도 어떻게 보면 직접 가입을 통해 가장 싸게 크루즈 여행을 하는 현명한 방법이라고 하겠다. 구독 방식인 것이다. 그런데 가입 후 저렴하게 여행할 수 있을뿐더러 2배로 리워드를 적립해준다니, 진짜 신세계 아닌가.

크루즈 여행에 대한 우리나라 사람들의 인식을 깨부수고 싶은 마음이다. 정말 평생 여행을 다니며 살고 싶어 하는 사람이라면 무조건 크루즈 여행을 해볼 것을 강추한다. 나는 이번 지중해 크루즈 여행을 다녀와서 나의 장점인 텔레마케팅을 통해 열심히 이 럭셔리 여행의 끝판왕을 홍보하려 한다. 리워드를 2배 적립해준다는 것도 마음에 쏙 들지만, 크루즈 멤버십을 설립한 마이클 허치슨 대표님의 마인드가 정말 감동적이기 때문이다.

"우리는 모든 사람이 신용카드 사용 없이 멋진 휴가를 보내야 한다고 믿습니다. 우리는 이 가능성을 전 세계 수백만 명의 사람들에게 제공합니다. 우리는 모든 사람이 이 세상을 보길 원하고 또한 필요한 일이라고 생각합니다. 사람들 대부분은 그들이 사는 세상을 둘러보길 꿈꾸고 있습니다. 하지만 현실에서는 그들 대부분이 꿈을 이루지 못합니다. 우리는 또한 짧은 인생을 가치 있게 살아야 한다고 생각합니다. 우리는 또한 사람들 대부분이 자유와 재정적 독립을 원한다고 믿습니다. 그리고 자유는 하나님이 주신 권리라고 믿습니다. 일단 자유를 경험하면 여러분의 마음속에 그 경험이 머무르게 되고 결코 잊지 못할 일이 될 것입니다.

마지막으로 우리는 사랑이 모든 것을 정복한다고 믿습니다. 우리는 세상을 보고 싶어 하며 세상을 더 좋게 만들고 싶어 하는 사람들입니다. 여러 권의 책을 저술한 사람들이며 지금은 절대 끝나지 않을 멋진 사랑 이야기를 쓰고 있습니다."

정말 대표님의 마인드가 놀랍지 않은가. 나는 무릎을 탁 치며 "정말 멋지다!"라고 외쳤다.

사실 나는 여행을 썩 좋아하는 편이 아니었다. 크루즈 여행을 알기 전에는 말이다. 크루즈 여행은 통상적인 여행 과정, 즉 이동, 숙박, 짐 싸기를 반복하지 않아도 된다는 게 굉장히 만족스러웠다. 여행은 갈 때는 좋은데, 갔다 오고 나면 더 피곤하고 힘들었기 때문이다. 연휴가 있을 때면 그냥 집에서 책이나 읽으며 쉬는 게 제일 좋았다.

하지만 크루즈 여행을 알고 나서는 여행이 하루하루 너무 기대되고 설렌다. 배에서 자고 일어나면 나라가 바뀌어 있고, 기항지에 내려 잠깐 관광할 수도 있는 크루즈 여행. 힐링하러 여행을 떠나는 내게는 정말 안성맞춤일 듯하다. 이제는 호캉스가 아니라 크캉스가 대세가 될 것이다.

나에게는 메신저가 되겠다는 꿈이 있다. 나의 지식과 경험, 깨달음을 필요한 사람들에게 아낌없이 전해주는 그런 멋진 사람이 되고 싶다. 그리고 1년에 책 1권씩 쓰는 베스트셀러 작가도 되고 싶다. 럭셔리한 크루즈를 타고 여행하면서 영감을 받아 이 꿈을 이루게 된다면 더없이 행복할 것 같다. 하루라도 빨리 크루즈 여행이 주는 자유를 마음껏 누려 보고 싶다.

시간이 날 때마다 나는 멤버십 홈페이지에 들어가 크루즈 여행의 전모를 살펴보고 강의도 듣고 있다. 매일 권 대표님의 유튜브를 보면서 힐링하고 있기도 하다. 나도 언젠가는 크루즈를 타고 여행하면서 유튜브도 찍고 마음껏 힐링하고 싶다. 크루즈 안에서 책을 쓰고 있는 내 모습을 상상해본다. 상상은 곧 현실이 된다는 것을 너무나 잘 알기 때문에 더없이 행복하다. 세상 부러울 게 없을 듯하다. 한 번뿐인 인생, 천국처럼 살다 천국으로 가고 싶다.

월터 C. 알바레스의 말로 이 글을 마친다.

"이 세상에서 가장 행복한 사람은 매우 즐겁고 행복하게 일하면서 생활비를 버는 사람일 것입니다."

돈은 적게, 여행은 럭서리하게
상상 그 이상의 크루즈 여행을 떠나자!

제1판 1쇄 2024년 1월 5일
제1판 4쇄 2024년 3월 8일

기획   김태광(김도사), 권마담
지은이   권마담, 주이슬, 양예원, 김결이, 금선미, 남수빈, 황지혜,
          김지선, 황근화, 소보성, 최영연, 제나, 김수경
펴낸이   한성주
펴낸곳   ㈜두드림미디어
책임편집 배성분
디자인   얼앤똘비악(earl_tolbiac@naver.com)

㈜두드림미디어
등록   2015년 3월 25일(제2022-000009호)
주소   서울시 강서구 공항대로 219, 620호, 621호
전화   02)333-3577
팩스   02)6455-3477
이메일   dodreamedia@naver.com(원고 투고 및 출판 관련 문의)
카페   https://cafe.naver.com/dodreamedia

ISBN   979-11-93210-35-2 (03980)